中国科协创新战略研究院智库成果系列丛书·报告系列

我国科研人员激励机制与政策重点问题研究报告

施云燕　王宏伟　等著

中国科学技术出版社
·北　京·

图书在版编目（CIP）数据

我国科研人员激励机制与政策重点问题研究报告 /
施云燕等著. -- 北京：中国科学技术出版社，2022.6
（中国科协创新战略研究院智库成果系列丛书. 报告系列）
ISBN 978-7-5046-9351-8

Ⅰ.①我…　Ⅱ.①施…　Ⅲ.①科研人员—激励制度—
研究报告—中国　Ⅳ.① G322

中国版本图书馆 CIP 数据核字（2021）第 246204 号

策划编辑	王晓义
责任编辑	徐君慧
装帧设计	中文天地
责任校对	邓雪梅
责任印制	徐　飞

出　　版	中国科学技术出版社
发　　行	中国科学技术出版社有限公司发行部
地　　址	北京市海淀区中关村南大街 16 号
邮　　编	100081
发行电话	010-62173865
传　　真	010-62173081
网　　址	http：//www.cspbooks.com.cn

开　　本	710mm×1000mm　1/16
字　　数	233 千字
印　　张	15
版　　次	2022 年 6 月第 1 版
印　　次	2022 年 6 月第 1 次印刷
印　　刷	北京中科印刷有限公司
书　　号	ISBN 978-7-5046-9351-8 / G·960
定　　价	89.00 元

（凡购买本社图书，如有缺页、倒页、脱页者，本社发行部负责调换）

中国科协创新战略研究院
智库成果系列丛书编委会

"科研人员激励机制与政策若干重点问题研究"
课题组

课题组组长　施云燕　王宏伟

课题组成员　王寅秋　张　静　付震宇　马　茹　张　茜　徐海龙

　　　　　　　苏　牧　陈　晨　蒋建勋　朱雪婷　陈多思

总　　序

2013 年 4 月，习近平总书记首次提出建设"中国特色新型智库"的指示。2015 年 1 月，中共中央办公厅、国务院办公厅印发了《关于加强中国特色新型智库建设的意见》，成为中国智库的第一份发展纲领。党的十九大报告更加明确指出要"加强中国特色新型智库建设"，进一步为新时代我国决策咨询工作指明了方向和目标。当今世界正面临百年未有之大变局，我国正处于并将长期处于复杂、激烈和深度的国际竞争环境之中，这都对建设国家高端智库并提供高质量咨询报告，支撑党和国家科学决策提出了新的更高的要求。

建设高水平科技创新智库，强化对全社会提供公共战略信息产品的能力，为党和国家科学决策提供支撑，是推进国家创新治理体系和治理能力现代化的迫切需要，也是科协组织服务国家发展的重要战略任务。中共中央办公厅、国务院办公厅印发的《关于加强中国特色新型智库建设的意见》，要求中国科协在国家科技战略、规划、布局、政策等方面发挥支撑作用，努力成为创新引领、国家倚重、社会信任、国际知名的高端科技智库，明确了科协组织在中国特色新型智库建设中的战略定位和发展目标，为中国科协建设高水平科技创新智库指明了发展目标和任务。

科协系统智库相较于其他智库具有自身的特点和优势。其一，科协智库能够充分依托系统的组织优势。科协组织涵盖了全国学会、地方科学技术协会、学会及基层组织，网络体系纵横交错、覆盖面广，这是科协智库建设所特有的组织优势，有利于开展全国性的、跨领域的调查、咨询、评估工作。其二，科协智库拥有广泛的专业人才优势。中国科协业务上管理210多个全国学会，涉及理科、工科、农科、医科和交叉学科的专业性学会、协会和研究会，覆盖绝大部分自然科学、工程技术领域和部分综合交叉学科及相应领域的人才，在开展相关研究时可以快速精准地调动相关专业人才参与，有效支撑决策。其三，科协智库具有独立第三方的独特优势。作为中国科技工作者的群团组织，科协不是政府行政部门，也不受政府部门的行政制约，能够充分发挥自身联系广泛、地位超脱的特点，可以动员组织全国各行业各领域广大科技工作者，紧紧围绕党和政府中心工作，深入调查研究，不受干扰独立开展客观评估和建言献策。

中国科协创新战略研究院（以下简称"创新院"）是中国科协专门从事综合性政策分析、调查统计以及科技咨询的研究机构，是中国科协智库建设的核心载体，始终把重大战略问题、改革发展稳定中的热点问题、关系科技工作者切身利益的问题等党和国家所关注的重大问题作为选题的主要方向，重点聚焦科技人才、科技创新、科学文化等领域开展相关研究，切实推出了一系列特色鲜明、国内一流的智库成果，其中完成《国家科技中长期发展规划纲要》评估，开展"双创"和"全创改"政策研究，服务中国科协"科创中国"行动，有力支撑科技强国建设；实施老科学家学术成长资料采集工程，深刻剖析科学文化，研判我国学术环境发展状况，有效引导科技界形成良好生态；调查反映科技工作者状况诉求，摸清我国科技人才分布结构，探索科技人才成长规律，为促进人才发展政策的制定提供依据。

为了提升创新院智库研究的决策影响力、学术影响力、社会影响力，经学术委员会推荐，我们每年遴选一部分优秀成果出版，以期对党和国家决策及社会舆论、学术研究产生积极影响。

呈现在读者面前的这套《中国科协创新战略研究院智库成果系列丛书》，是创新院近年来充分发挥人才智力和科研网络优势所形成的有影响力的系列研究成果，也是中国科协高水平科技创新智库建设所推出的重要品牌之一，既包括对决策咨询的理论性构建、对典型案例的实证性分析，也包括对决策咨询的方法性探索；既包括对国际大势的研判、对国家政策布局的分析，也包括对科协系统自身的思考，涵盖创新创业、科技人才、科技社团、科学文化、调查统计等多个维度，充分体现了创新院在支撑党和政府科学决策过程中的努力和成绩。

衷心希望本系列丛书能够对科协组织更好地发挥党和政府与广大科技工作者的桥梁纽带作用，真正实现为科技工作者服务、为创新驱动发展服务、为提高全民科学素质服务、为党和政府科学决策服务，有所启示。

前　言

　　为深化科研人员创新内在驱动机制的认识，剖析影响科研人员创新活力和科研热情的体制、机制和政策，构建有利于科研人员发展的激励机制和政策环境，提供改革和政策建议，中国科协创新战略研究院联合中国社会科学院开展了本项研究。研究中，通过问卷调查、实地调研和政策文本分析等对促进科研人员职业发展的激励机制和政策体系进行了梳理，对政策的落实和成效及存在的问题和原因进行了分析，并在此基础上形成有关政策建议。

　　在问卷调查方面，本次专项调查依托中国科协所属全国516个科技工作者状况调查站点进行，覆盖全国31个省（自治区、直辖市）和新疆生产建设兵团（港、澳、台未开展调查），有效涵盖科研院所、高等院校、国有企业、非公有制企业、医疗卫生机构等的科技工作者群体，共回收有效问卷9229份。在实地调研方面，课题组成员组织了北京市、江苏省、山东省、陕西省、山西省、重庆市、吉林省7个省市的科研人员和科研管理人员进行座谈调研，共计举办34场座谈会，涉及调研单位74家，访谈来自不同类型机构、不同类型岗位、不同职称、不同年龄层相关人员266人。

　　在政策文本分析方面，调研报告梳理分析了美国、英国、日本、法国、德国、韩国、以色列等国家有关人才激励的相关政策，梳理总结了我国改革开放以来人才激励有关政策的阶段性特征，同时重点对近5年来我国面向不同类型机构、不同职业生涯阶段、不同类型岗位科研人员的有关激励政策进行了要点分析和总结。基于上述调研分析的工作，课题组形成以下研究报告。

目 录
CONTENTS

科研人员激励的内涵和动力机制

一、科研人员激励的内涵界定

科技是国家强盛之基，创新是民族进步之魂。中华人民共和国成立以后，特别是改革开放以来，党和政府尊重知识、尊重人才，使科研人员在我国经济建设和创新发展中发挥了巨大作用，作出了突出贡献。为了激发科研人员潜心科学研究的工作热情，中央和地方通过多重政策措施予以激励，确保科研人员的智力付出与回报相匹配，收入总量与知识价值相匹配，让真正有作为、有贡献的科研人员"名利双收"。

科研人员激励机制一般指政府为进一步激发科研人员的工作热情和创新积极性施行的一系列政策、激励措施，使科研人员收入与岗位职责、工作业绩、实际贡献相匹配，构建增加知识价值的收入分配机制。激励机制包括物质激励和非物质激励（精神激励）。国内外学者对于这两种激励方式的研究，主要基于马斯洛在20世纪40年代发表的需求层次理论。物质激励是通过对物质利益关系进行调节，从而激发人们向上的动机和行为，出发点是为了满足人们的物质需要，属于源于外部的激励，也是人们较为基础的需求。物质激励的手段通常是加薪、发放奖金等现金形式。而关于非物质激励的定义，从激励的起点入手可以认为是指通过物质激励以外的手段，如信任、文化和人际关系引导等，满足不同员工高层次的精神需求，最终激发其实现组织既定目标，是由员工精神层面的需要和内在推动力所形成的激励。目前，我国对科研人员的物质激励政策主要有薪酬体系改革、科技奖励制度（物质部分）、成果转化收益奖励、成果转化分红、股权奖励、期权奖励、科技成果混合所有制改革和科研经费管理制度改革等。非物质激励政策主要有职称制度改革、科技奖励制度（名誉部分）、院士遴选制度、科研诚信体系建设（负面激励）和"放、管、服"改革（给予科研人员更大自主权）等。

近年来，随着国家经济实力的日益增强，我国的科研物质条件和环境得到了长足改善。但由于体制、机制与社会环境等一系列深层次问题尚待解决，针对科研人员所实施的相关激励政策并未全面有效地发挥作用，在激励的过程中仍然存在偏差及与预期相悖的结果。其一在于激励政策覆盖面尚有不足，特别是对于基层科研人员及青年科研人员，存在由于收入和福利的基本保障不足，不得不忙于各类创收性业务和"跑项目、找经费"，而疏于基础性和公益性研究的情况。其二在于激励方式过于单一，未能有效激发科研人员的研究热情，且催生了激励的功利化，助长了浮躁情绪和机会主义倾向。目前，我国公益性研究所和大学的科研评价标准比较单一，主要围绕文章、专利、国家或省部级课题、国际合作课题、国际会议、课时等指标，考核、晋升及荣誉奖励都是以这些所谓的"研究成果"为基础。现行的科技评估、大学和研究所评估制度也强化了这样的评价导向。这不仅与科研人员自身的科研价值导向相偏离，而且会直接影响到科研人员的晋升发展、奖酬和荣誉地位。这种单一且直接化的导向缺乏对科研人员的综合评价，不仅不能激发科研人员对真知的追求，反而容易滋生科研人员的浮躁情绪和投机倾向。其三在于精神激励演变为"官位激励"，形成科研学术圈的官僚主义。科研人员应该是依靠真才实学和对科学、社会的实质性贡献而赢得尊重，而不是靠所谓的头衔、称号和职位。但目前来看，我国在营造"尊重知识、尊重人才"的氛围和环境上似乎缺乏有效的措施和机制，不得不借助"官势"和"钱势"来提升科研人员的社会地位，这也反映了整个社会对财富和官职的尊重高于对科研人员的尊重。

我国有关激励政策的主要目标是，通过有关政策手段或机制对科研人员的辛勤劳动及创新成果给予认可与回报，从而激励科研人员继续保持高涨的热情投入未来的科研工作中。但近年来，政府针对科研人员的激励政策并没有达到理想的效果，产生的偏差及负面效果值得反思。因此在这样的背景下，应该对我国的激励政策进行全面的分析，使之进一步完善，从而让不同岗位、不同年龄的科研人员获得切实所需、真实渴望的物质回报及精神尊重，同时也应避免科研人员被所谓的物质欲及权势欲所驱使而出现的"追名逐利"和"升官发财"，要让激励政策发挥更好的促进科研人员潜心科学创新的催化剂作用。

二、科研人员激励政策的动力机制

激励，简言之，就是激发鼓励之意。在科研管理活动中是指激发广大科研人员的积极性和创造性，使科研人员努力去完成科研任务和达成科研目标。而关于影响激励的因素，有学者提出激励的要素包括需要、动机、目标这三个要素。激励是通过精神或物质的某些刺激，促使人产生内在的动机和动力，朝着组织所制定的目标前进的心理活动过程。

激励政策是国家为了实现科技进步、提升国家创新实力，利用物质激励及精神激励激发科研人员的科研创新热情，同时防止科研人员被物质欲及权势欲所驱使的手段和方式。物质激励的基本含义是通过对物质利益关系进行调节，从而激发人们向上的动机和行为，出发点是为了满足人们的物质需要。人们在企业中工作，最终目的就是赚取金钱以满足自身的"衣、食、住、行"需要，这属于马斯洛需求层次当中的生理需要层次和安全需要层次。因此，就需求层次来看，物质激励满足的是人们的外在需要。精神激励是从满足人的精神需要出发，通过对人的心理施加必要的影响，从而产生激发力来影响人的行为。精神激励所满足的是人的精神需要，相对于物质需要来讲，精神需要比物质需要的层次更偏重人的内在精神世界。精神激励主要是通过增加员工在企业中的晋升机会、工作荣誉感和成就感来激发其工作积极性。因此，精神激励主要是满足人的社交需要、尊重需要和自我实现需要，满足的是人们的内在需要。

（一）物质激励和精神激励的联系与区别

在传统的激励当中，被用得最多的当数物质激励。物质激励一般以金钱为主要激励手段。有权力和能力实行这种激励的一般是企业或者是上级领导，因而，物质激励的激励方向是自上而下的。精神激励是通过提供职业晋升机会、提升员工职业上的荣誉感和成就感来达到激励的效果，就激励措施而言，也只能是企业或者是上级领导才有权力和能力实行这种激励。因而，精神激励的激励方向也是自上而下的。

物质激励和精神激励之间存在明显的区别，但相互之间又存在必要的联系。社会的经济文化发展水平会影响人们对物质、精神和情感的需要。社会经济文化发展水平越低，人们对物质的需求越高，此时实施的激励应以物质激励为主；社会经济文化发展水平越高，人们对精神、情感的需求就越高，此时则应更加注重精神激励。现今，随着人们的知识水平和素质的不断提升，精神激励占据越来越重要的地位，激励模式已从传统的单一物质激励模式逐渐转变为物质激励和精神激励并重的多元化激励模式。

（二）科研人员职业活动的特点

科研人员从事的是知识与技术创新的工作，即通过学习和使用已有知识与技术创造新知识、新技术、新产品的过程。这种创造性的工作，不仅需要一定的专业能力和智慧，更需要超凡的激情和毅力。科学研究是围绕研究目标（课题/项目）开展的有组织、有计划、有目的的认识活动，与一般的认识活动相比，具有高度的自觉性和组织性。科研人员具有与普通工作者不同的工作动机和职业特点，作为一种特殊的职业，科研工作具有下述特点。

1. 科学研究需要比较稳定的工作地点

工作地点包括实验室、图书馆。而科研仪器、科研试剂、实验动物和文献信息等是科学研究工作岗位必备的条件。

2. 交换劳动获取报酬

科研人员作为一种职业角色，承担着知识生产者、熟练雇员或技术工作者及专家咨询的三重任务，也以此获得报酬。作为知识生产者，他们为社会公益事业服务，其薪金像政府官员一样，由国家财政支付；作为熟练雇员或者技术工作者，他们往往兼任教授（大学里的科学家）、行政管理人员（政府里的科学家）、应用及开发研究人员（企业里的科学家）等角色，并可以用这种劳动获取报酬；同时，科研人员也会参与重大决策，作为咨询人员获取报酬。报酬的主要形式是薪金，像其他职业一样，不管是在政府、企业界还是大学里，薪金和待遇的优势往往是吸引科研人员到其部门从事科学活动的重要条件。

3. 科学研究需要专门的知识或者技能

现代科学技术的发展使得科学制度化和专业化程度非常高，科研人员只有通过严格的专业化训练才能成为科学家。这要求科研人员参与高等教育，接受专业知识、锻炼智力（包括理解能力、判断能力、逻辑思维能力等）、掌握学习方法、培养自学能力。目前，科研院所和高等院校研究职位的招聘条件均要求学历必须在硕士以上。美国诺贝尔物理学奖获得者中，除第一个获奖人迈克尔逊（A. A. Michelson，1852—1931）没有获得过博士学位，其余获奖者全部获得过博士学位。更为重要的是，与律师、医生、教师、财会人员等职业不同，科研人员具备的专业知识主要不是供他在工作时重复应用，而是为其提供研究问题的方法、工具，科研工作必须是创造性的，即创新是科研工作的本质特征。相对于其他职业而言，经验在科学研究中的作用小一些。

4. 科研工作具有继承性、创造性和探索性

科学研究以认识世界为目的，这就必然要求科研工作继承一切人类的科学知识；又因为要提供新的理论和信息，这就决定科研工作必然具有创造性，而不仅仅是为了验证；此外，科学研究是以认识未知世界、探索人类未知的科学规律为目的的，这决定了科研工作具有一定的探索性。

5. 科研工作成果具有很强的创新性

创新是科研工作最本质的特征，主要表现在三方面：一是科研成果可以通过相应的知识载体进行复制和传播，被他人学习使用并从中获益；二是科研人员开发的新产品在专利保护期过后，相应的技术会在市场上公开，其他市场参与者可以通过进一步推广获利；三是科研创新对整个社会具有正外部性，能够提高人民的生活水平、改变人民的生活方式，对国家经济和社会的发展具有极大的推动作用。

6. 科研工作要求从业人员遵守基本的职业规范和职业道德

职业道德是为规范从事该职业的成员的行为、维护职业声誉而由职业成员共同制定、每个成员必须遵守的基本准则。科研工作作为一种职业，要求成员

不仅要遵守普遍的社会规范，包括社会伦理道德、法律法规等，也要遵守科学共同体特有的行为规范，即通常所说的学术道德、科学精神。科研工作是一个相对自治的职业，对职业规范的遵守是确保自治的基础。如果科学家违反了职业规范，即出现了大量的科研越轨行为，外界干预就不可避免。

7. 科研人员较高的职业声望决定了彼此之间的竞争和冲突较为激烈

职业声望越高，内部的竞争和冲突就越激烈。科研人员在各社会阶层中具有较高的职业声望，因此彼此之间的竞争和冲突也比较突出。

（三）科研人员激励机制探讨

管理学大师彼得·德鲁克认为，对知识工作者必须要有不同的管理和激励方式。他还指出，要提升知识工作者的效率必须要强化责任心并赋予高度的工作自主性，同时强调了合理评价的重要性。在借鉴和吸收相关人才激励理论的基础上，本文专门针对科研人员的特质和需求特征，提出如下相应的激励机制，以及一系列的保障性因素。

1. 自我激励

自我激励是内生动力，其他任何激励因素都是通过对它的强化来实现的。科技创新是高度未知性的活动，创新的方向、时间和结果都具有不确定性，并不是简单的投入和激励就能够产出有价值的创新成果，而是需要科研人员的潜心钻研。激励科研人员创新最重要的因素是自身的兴趣和科学理想。因而，甄选正确的人是实现有效激励的首要前提，而且只有具备科研能力与科学道德的人集合在一起，才能够共同构建起一种"崇尚创新、追求真理、求真务实"的科学价值观。这是影响和激励科研人员的根本性因素。

2. 组织激励

组织是具体实施各种激励政策的主体，对于促进和保障科研人员的创新有着至关重要的作用。在组织层面上，传统的激励理论主要侧重于绩效评价、薪酬设置、岗位设置、晋级晋升机制等。组织对科研人员的创新绩效给予公正的评价，并以此为基础给予相应的奖励和晋升机会，这是一种非常重要的激励方式。根据学术能力和贡献来客观地评定和聘用科研人员能够增强其成就感和科学价值观，从而反馈强化自激励因素。对科研人员来说，组织的激励除了科研成果奖励等物质激励，还主要体现在事业发展机会、学术氛围、团队合作与鼓励、学习与交流等方面，这些都是科研人员看重的因素。首先，组织是一个事业发展的平台，它可以为科研人员提供科研的各种必要条件，帮助他们获得或参与重要科研项目，使他们在科研实践中获得能力提升和成长发展的机会，并对他们自由的探索给予必要保障。其次，组织与团队提供了一种知识学习和积累的机制，同时为科研人员提供学习机会，以及拓宽知识渠道、增强理解和认识、实现互补性知识与技能的相互支撑，很多创新的想法是在与同事们的经验交流和"思想碰撞"中产生，而且大部分科技创新成果也是团队成员共同努力的结果。最后，组织与团队是创新文化与氛围的载体，它使科学价值观与创新激情在成员之间相互影响和传承，让成功者在组织内发挥积极的示范与鼓舞作用，由此强化科研压力，激发科研创新动力。

3. 社会激励

社会激励虽然是最外部的激励因素，但却是强化科研人员成就感最重要的因素。社会激励主要包括各类科技创新奖励、同行评价、学术声誉和影响、社会的尊重和荣誉，以及创新成果的广泛应用和社会价值的实现等，这些激励能够最有效地强化科研人员的自我价值实现感，并反馈增强其自发的兴趣与动机。但这些因素的有效激励作用是以评价的公平性为基础的，而这又高度依赖于科学价值观的树立和科学共同体的建设。必须注意的是，社会尊重虽然需要待遇、奖励等物质和名誉上的体现，但并不等同于形式上的追捧，过度的追捧只会强化各种学术机会主义和学术"霸权"行为。

4. 保障性因素

科技创新需要一系列保障性因素，包括科研人员的工资薪酬、科研经费、住房和医疗保障、社保福利等。从科研人员的需求特性看，这类因素并不能给他们带来成就感和强化责任感，但缺乏这类因素可能会影响科研人员保持正常的工作状态。根据赫茨伯格的双因素理论，这些因素对科研人员来说只是保障因素，而非激励因素。因而，对于这些因素应该给予充分的保障，但却不能将其作为激励的手段；否则，不仅不能真正激发科研人员的创新热情，反而可能使科研人员滋生浮躁情绪，助长各种学术机会主义行为发生。

三、我国科研人员激励政策体现

党的十八届三中全会之后，我国科技体制改革全面启动、成果丰硕。科研人员是国家创新的中坚力量，而科研人员的创新热情及创新成果往往会受到创新主体、关联机制、创新环境等多方面影响。通过梳理国务院各部委颁布的有关激励科研人员的政策，可以将政策归类为人才评价与监督政策、科技成果促进转化政策、科研管理制度改革政策、科研人员培养政策及科技管理领域"放、管、服"改革政策。政策侧重点各有不同，部分倾向于对科研人员的物质激励，部分倾向于对科研人员的精神激励，而有的政策兼顾对科研人员的物质与精神激励。

表1-1列举了近年来激励我国科研人员科研创新的典型政策，可以从物质激励、精神激励及约束性政策三个维度进行详细考察。在人才评价与监督政策中，多数政策还是倾向于给予科研人员物质与精神相结合的激励，同时以精神激励为主，例如中共中央组织部、人力资源社会保障部印发的《事业单位工作人员奖励规定》强调的就是物质与精神相结合的激励方式。科技成果促进转化相关政策，一方面要激发科研人员的创新创业积极性，在全社会营造尊重劳动、尊重知识、尊重人才、尊重创造的氛围；另一方面也希望通过政策促进科研成果转移转化、权益分享，逐步提高科研人员收入水平，注重精神激励的同时也重视物质激励。科研管理制度改革政策，在优化科研环境方面破除科研项目和资金管理中的繁文缛节，为科研人员减负；在科研资金的管理方面，既规范和加强国家科技支撑计划专项经费的管理，提高资金使用效益，又激励企业加大研发投入，支持科技创新。科研人员培养政策覆盖面较广，给科研人员提供职业技能培训，提供良好的就业创业环境，同时也给予资金上的支持，在物质激励与精神激励上均有体现。科技管理领域"放、管、服"改革政策主要是通过进一步下放科技管理权限的方式，给予科研人员充分的信任与尊重，主要为精神激励。

表 1-1 我国科研人员物质激励、精神激励和约束性政策体系表

项目	精神激励			物质激励			约束性政策		
	政策名	发布时间	政策要点	政策名	发布时间	政策要点	政策名	发布时间	政策要点
人才评价与监督	《关于深化科技奖励制度改革方案》	2017年5月	改革完善国家科技奖励制度，彰显荣誉性						
	《事业单位工作人员奖励规定》	2018年12月	坚持精神激励与物质激励相结合，以精神激励为主	《事业单位工作人员奖励规定》	2018年12月	坚持精神激励与物质激励相结合，以精神激励为主	《科技评估工作规定（试行）》	2016年12月	加强科技评估管理，建立健全科技评估体系，推动我国科技评估工作科学化、规范化

续表

项目	精神激励			物质激励			约束性政策		
	政策名	发布时间	政策要点	政策名	发布时间	政策要点	政策名	发布时间	政策要点
促进科技成果转化	《关于实行以增加知识价值为导向分配政策的若干意见》	2016年11月	激发科研人员创新创业积极性，在全社会营造尊重劳动、尊重知识、尊重人才、尊重创造的氛围	《中华人民共和国促进科技成果转化法》	2016年2月	促进大众创业、万众创新，鼓励研究开发机构、高等院校、企业等创新主体及科研人员科技成果转化			
				《关于实行以增加知识价值为导向分配政策的若干意见》	2016年11月	逐步提高科研人员收入水平			

续表

项目	精神激励			物质激励			约束性政策		
	政策名	发布时间	政策要点	政策名	发布时间	政策要点	政策名	发布时间	政策要点
科研管理制度改革	《关于开展解决科研经费"报销难"有关工作的通知》	2018年12月	进一步破除科研项目和资金管理中的繁文缛节	《关于调整国家科技计划和公益性行业科研专项经费管理办法若干规定的通知》	2011年9月	调整课题经费开支范围，强化预算评审，加强资金拨付和结存结余经费的管理，简化预算调整程序			
	《关于优化科研管理提升科研绩效若干措施的通知》	2018年7月	调动科研人员积极性，激励科研人员敬业报国、潜心研究、攻坚克难	《关于优化科研管理提升科研绩效若干措施的通知》	2018年7月	调动科研人员积极性，激励科研人员敬业报国、潜心研究、攻坚克难			

续表

项目	精神激励			物质激励			约束性政策		
	政策名	发布时间	政策要点	政策名	发布时间	政策要点	政策名	发布时间	政策要点
科技管理领域"放、管、服"改革	《关于抓好赋予科研机构和人员更大自主权有关文件贯彻落实工作的通知》	2018年12月	进一步下放科技管理权限				《关于进一步加强科研诚信建设的若干意见》	2018年5月	从事科研活动和参与科技管理服务的各类人员要坚守底线，严格自律。科研人员要恪守科学道德准则，遵守科研活动规范，不得有其他违背科研诚信要求的行为

续表

项目	精神激励			物质激励			约束性政策		
	政策名	发布时间	政策要点	政策名	发布时间	政策要点	政策名	发布时间	政策要点
科技人才培养	《关于发挥职能作用进一步做好高校毕业生就业创业的通知》	2016年6月	发挥部门职能作用，做好高校毕业生就业创业工作	《关于发挥职能作用进一步做好高校毕业生就业创业的通知》	2016年6月	发挥部门职能作用，做好高校毕业生就业创业工作			
	《关于推行终身职业技能培训制度的意见》	2018年5月	全面提高劳动者素质，促进就业创业和经济社会发展						

（研究组：徐海龙 蒋建励 董宝奇）

典型创新型国家的经验借鉴分析

一、美国科研人员激励政策与实践

（一）科技奖励政策：发挥物质与精神双重激励作用

我国对科研人员的精神激励还是过于功利化，缺少了对于科研人员精神追求的升华，同时激励体系的覆盖面积还不够广泛。美国不单重视物质层面对科研人员进行激励，还更为重视从科研人员的情怀与国家责任感层面进行激励。

以人为本，突出科研人员角色地位。美国绝大多数科技奖励是以奖励科研人员为主，只有少部分奖励是为资助项目设立的。美国的科技奖励分为四个层次，其一是以总统名义设立的科技奖励，其二是国家机关和美国科学院、美国工程院、国家科学基金会和美国科学技术促进会等机构设立的科技奖励，其三是全国性自然科学学会和各州科学院设立的奖励，其四是学会的下属分会、公司企业和个人设立的奖项。其中，以总统名义设立的科技奖励权威性较强，涵盖面较广，奖励范围或对象均为科技工作者，例如费米奖的奖励对象为在能源科学技术研究方面取得杰出成就的科学家、工程师与科学政策制定者。总统科学奖的奖励对象为在物理、化学、生物学、数学、工程科学、社会科学及行为科学方面有卓越贡献的科学家；总统技术奖的奖励对象为在技术创新、商业化和管理方面作出突出贡献的个人或小组；总统杰出青年学者奖的奖励对象为在科学技术研究方面取得杰出成就的青年科学家、工程师。以人为本的科技奖励制度更加突出科研人员的角色地位，也对引导科研人员的行为模式产生更强的激励效果。

多样化的科技奖励设置层次，灵活的科技奖励运行方式。美国的科技奖励在设置和运作上较为多样化。一方面，奖励基金的来源是多渠道的，政府、个人、企业都可以出资，还可以是以政府名义设奖、社会力量出资、其他机构评审，或者是社团设奖、企业出资等；另一方面，体制也较为灵活，各级政府、企业、大学、研究机构都可以作为某种科技奖的独立设立者和奖金的提供者，同时也可以相互合作支持某种科技奖。例如，美国政府创新奖由哈佛大学肯尼迪政治学院和福特基金会于1986年捐资设立；美国总统绿色化学挑战奖虽以总统名义设立，但由美国化学会组织挑选自政府及科研、工业、教育和环保领域的专家组成的评奖小组进行评定。这种非集中管理、各部门共同运作的多样化、灵活性的科技奖励制度更能体现科学公正。同时，美国还结合国情及科技发展趋势设置新的奖项，这一点也体现了科技奖励制度的灵活性。

充分体现科技奖励的权威性和荣誉性，不断提升奖金额度增强激励功能。美国的科技奖项很少由地方政府设立，一般主要是由国家和社会力量设立，避免科技奖励过多而影响获奖质量及科技奖励的权威性。同时，每一次以总统名义设立的科技奖的颁奖仪式美国总统都要莅临并作重要讲话，从而体现科技奖励的荣誉性，对科研工作者产生了巨大的激励作用。此外，物质奖励的强度往往影响奖项的声望，美国的一些科技奖励奖金额度随着世界经济和科技的发展也会不断提高，这源于奖励基金资助方的变更，以及基金灵活的运作方式。例如，美国富兰克林研究所科学奖在最初设立时奖金额度不过1000美元，1990年这一奖金额度为25万美元，成为当时美国科学界奖金最丰厚的奖项。而且，获奖在科学共同体中会产生心理、资源分配和荣誉分配上的优势积累效应，一些奖项因此会有后续的支持以更好地激励奖项获得者，从而提升奖项获得者在之后科研生涯中的创新水平及其所属机构的整体科研能力。

（二）科研经费管理政策：提高科研人员工作效率和工作积极性

我国的科研经费管理政策没有较好地保障科研人员把精力聚焦到岗位履

职，一些行政工作使得科研人员能投入科研工作的时间太少。同时，我国的科研工作辅助岗位的职责与职能也没有细化，因此难以协助科研人员有效率地完成科研工作。相对而言，美国的制度设计则更加注重不同岗位的职责分工，通过科研财务助理制度使得科研人员能够更加专注于科研工作本身，同时通过人工费管理制度提高科研人员积极性。

人性化的科研财务助理制度，有助于科研人员工作更有效率。美国高等院校在院系一级配有专职的科研管理人员，这类人员熟悉学校的财务制度和报销流程，协助项目负责人管理科研经费的使用过程，从而减少了科研人员的事务性工作，将其从复杂冗繁的财务报销工作中解放出来，使得科研人员有更多的时间和精力用于研究，工作效率得以提高。

灵活化的人工费管理制度，提高科研人员的工作积极性。美国高等院校科研人力成本的管理较为灵活，不断优化的人力成本补偿机制提高了科研人员的积极性。这种补偿机制会区分科研人员的项目劳动是额内劳动还是超额劳动，将基本工作量之外的劳动、竞标性的而非指派性的劳动归属于超额劳动，并给予额外补偿。另外，美国科研经费的管理办法允许科研人员以适当的比例在项目直接成本中提取个人报酬，直接拨付给项目主持人分配使用，对项目承担者的科研劳动投入予以认可，从而提高科研人员的工作积极性。

（三）收入分配政策：充分体现科研人员工作价值

我国科研人员薪酬奖励等政策略显单一、僵化，薪酬体系较为固定，总体来说是按照职级统一规定薪酬奖励发放标准，而且基本工资占比较低，收入差距大。这样的薪酬奖励体系并不利于科研人员开展科研工作，较低的基本工资难以满足科研人员体面的生活要求，特别是对于具有潜力的青年、基层科研人员来说，这降低了他们的工作积极性，僵化的薪酬奖励体系也没有办法凸显出真正有价值、有贡献的科研人员的劳动，激励效应大打折扣。相比之下，美国的工资薪酬体系对于科研人员就颇富吸引力，不仅可以吸引大量有价值的科研人员投身科研岗位，而且灵活的管理体系可以激发出科研人员的创新热情。

以市场化为主导，具有规范性、灵活性、可比性的薪酬管理制度。科研人员的收入分配制度是调动科研人员积极性的关键因素，美国没有专门的针对科研人员的薪酬管理制度，而是建立了以市场为主导的人力资源管理制度。薪酬管理制度受《联邦公务员可比性工资法案》的约束，但仍然是以市场为导向，并通过法案形式对难以用市场规律衡量的政府雇员工资进行约束，这些法律包括《联邦职业分类法》《联邦工资改革法》《公平就业机会法》及一年一度的《拨款法》，进而构成了联邦科技人才管理及工资发放的制度依据，因此具有规范性。同时，美国科研人才薪酬制度还存在薪酬调整机制，以每年年初的薪酬调查为基础，根据整体劳动力市场情况及其他社会经济因素对薪酬水平进行普通调整，例如科研院所会根据不同地区的雇佣成本系数在基本年薪的基础上进行调节，一些高等院校则根据当地的"消费价格指数"变化增加工资。此外，为保证同一地区内从事相当工作级别的政府科研人员和企业科研人员薪酬水平大体一致，联邦政府还要求区域内政府雇员和企业雇员薪酬差异控制在5%以内。这种灵活的薪酬调节机制就使得科研人员的收入与同一地区同等级别的工作薪酬相当。

与岗位价值相匹配，体现科研工作贡献的薪资结构。为保障科研人员潜心从事岗位工作，强化岗位履职在收入分配中的决定作用，美国建立了体现岗位特点、岗位价值和岗位贡献的薪资结构制度，使科研人员的薪资结构紧密结合岗位职责、任务和业绩。美国科研院所和高等院校的科研人员的岗位设置主要分为研究岗、辅助岗和管理岗，根据基础研究、公益研发、应用转化等不同岗位的特点，明确胜任不同岗位所需要的资历、经验、能力及必须要承担的任务，包括研究和公共服务等，采用不同的薪级表及档级，实现基于岗位和工作业绩的工资决定和调节机制，激发科研人员的积极性，使不同岗位的科研人员能够各司其职，各尽其责。

符合科研规律，强化绩效工资精神激励作用的绩效制度。为保障科研人员把精力聚焦到岗位履职，保证科研人员的本职科研项目投入时间，避免科研人员为申报不必要的项目浪费大量时间，美国科研院所和高等院校科研人员的基本工资占比较高，占薪酬的70%～80%，绩效奖励比重较小，更强调绩效工资的精神激励作用。具体来说，美国国立科研机构中一般科研人员的绩效奖励分为现金奖励和非现金奖励两种。现金奖励中，最高级 5 级（优秀）为基本年薪加地区调节工资的 2%，4 级为年薪加地区调节工资的 1%，3 级为年薪加地区调节工资的 0.5%。对于高级研究人员的绩效奖励则采取特殊规定，即最高不能超过 25000 美元，若不通过联邦人力资源管理办公室的批准，则最高不能超过 10000 美元。此外，如果高级研究人员有重大发明或特殊贡献，则在绩效奖励之外还可以获高级成就激励奖，比如总统级别杰出奖（金额为其基本年薪的 35%），一等功杰出奖（金额为其基本年薪的 20%）。

（四）科研成果转化政策：激发科研人员的研发和科研成果转化热情

我国的科研成果在转化过程中，存在利益分配规则制定不详细、相关立法缺失，以及在科研成果转化中配套服务机构匮乏等问题，这些都降低了科研成果转化的效率，也是导致我国科研人员劳动贡献难以体现、科研成果转化积极性不高的重要原因。美国配套的科研成果激励与保障体系对于我国实施科研人员相关激励政策具有十分重要的借鉴作用。

不断完善科技成果转化相关立法。1980 年，美国国会通过了《拜杜法案》，旨在透过产学研三方的协作，用专利权"下放"为学研机构激活创新研发、驱动市场机制。该法案对科技成果的权利归属、管理主体、盈利分配等内容进行规定；同时，为促使联邦政府实验室或隶属于联邦政府的研究机构主动向联邦及州政府、私营部门转让联邦政府所拥有的技术发明，美国国会同年颁布了《史蒂文森—怀勒技术创新法》，明确了联邦政府实验室或相应研究机构的技术转移的任务。1986 年，为更进一步提高科研机构及其科研人员积极性，美国政府通过《联邦技术转让法》，将技术转让规定为联邦实验室科研人员的一种责任，且规定联邦科研机构的发明人可以享受 15% 的特许费，并规定了对其他发明者的奖励。随后，《国家技术转让促进法》（1995）、《技术转让商业化法案》（2000）、《美国竞争法》（2007）、《美国发明法案》（2011）等法规相继出台。美国有关科技成果转化的立法和政策是随着时间和形势的发展而不断地修改及完善的，虽然不同时期美国科技成果转化立法发展的重点有所不同，但美国科技成果转化立法具有整体性和传承性。科技成果转化立法的不断完善，明确了政府相关部门的职责，规定了科技成果转化的各环节及程序，更加大了对科技成果转化事业的拨款力度，极大激发了科研工作者的研发和科研成果转化热情。

明确科技成果转化的可分配收益。美国的科研院所及高等院校普遍重视技术成果的权利化，明确规定收益分配机制。虽然各科研院所和高等院校的技术转化收益分配比例不尽相同，但其一致做法是先扣除一定的专利转化的运营和支出费用后进行收益分配。技术许可产生的收益是明确的，将研究开发经费与许可使用费进行区分，不与研发经费相混淆。研发经费不能由发明人作为利润分享，而技术许可产生的收益则一定要在发明人与科研院所或高等院校之间进行分配。例如哈佛大学现行的成果转化收益分配条例规定，可支配收入是校方从由知识产权获得的公司股份、债券、现金（不包括资助的研发经费）中，减去校方支付的相关费用（包括申请、维护、实施知识产权保护的费用，专利受让给出的相关费用，在制作、运输或推广成果中产生的费用）。

明确科技成果转化分配比例。发明人是创造的源泉，其所应取得的不是一次性奖励，只要其发明被利用并产生收益，发明人就应得到补偿，这就避免了某项技术成果的原科研人员因调离、退休或原课题组解散等原因而无法获得成果的后续利用产生的收益，进而避免科研人员的研发及成果转化积极性因没有得到合理的补偿和激励而消减，从而鼓励科研人员进一步创新的积极性。同时，学校作为技术成果权利人也将获得部分收益，用以支持教学、科研，形成良性循环。此外，在有多个发明人的情况下，收益分配将按照发明人之间的协议进行，如果没有协议则平均分配。如果多项技术组合打包许可，各个发明通常被认为具有同等价值，除非许可办公室认为有必要分别确定各个发明的价值，发明人也可另行达成协议。如此明确的收益分配机制避免了科研人员在成果利用上的矛盾和争执，保证了成果完成人的正当利益，激发了科研人员的研发积极性。

创新技术转化模式和运行机制。专业化的技术转让中介机构为科研人员技术转化提供专业服务，促进了科研人员的研发和技术转化积极性。一方面，技术转让中介机构拥有在不同技术领域有专长、懂法律、有商务经验的专门的技术转化人员，从对可转化技术许可对象的寻找、目标确定后的技术转化谈判、合同条款拟定、技术合同履行监督到许可或转让费的收取等，由技术转化人员全程负责，科研人员不需要就商务问题、法律问题、管理问题与企业交涉，这样就可以保证科研人员将主要精力用于技术研究工作。另一方面，技术转让中介机构大多拥有外部资源，同投资人、财务管理人员和顾问都有着良好的合作和紧密联系，可以为科研人员技术转化或是创业过程解决困难，让创业者专心在技术开发上继续研究。

（五）科研诚信政策：发挥负面激励的正向效果

层次清晰的学术不端治理体系。美国学术不端治理体系具有层次清晰、职责明确等特点。其中，白宫科技政策办公室作为决策层负责学术不端最高政策法规的起草及修订；美国联邦政府学术道德办公室、联邦各部及科研基金所设立的监察组织作为监管层，将最高政策法规具体化，监察及保障各自范围内的资金合理使用；各高等院校及科研机构、学术期刊的科研诚信组织作为治理结构的基层，是学术不端治理的最重要主体和具体实施者，它们依据政策法规要求制定内部学术不端政策，展开学术不端案件调查。该治理体系不仅能够有效保障联邦学术不端政策的落实，而且给予了学术机构最大的自主处理权。

"零容忍"的学术不端惩治手段。美国强化学术不端的调查，建立以科学家组成调查委员会为主导的调查模式。由于科学研究的复杂性和专业性，独立调查委员会发挥了最高权威性并在事实认定前保持中立，同时保护涉嫌造假者的隐私权，给予涉嫌造假者陈述、举证和申辩的机会，避免无中生有，或者同行陷害。调查过程采取内部方式进行，但对于结果则采取公开方式。确认学术不端行为发生后，美国科研机构采取"零容忍"的态度，采取"不手软""不护短"的手段，公布违规者姓名、单位、情节及后果。

二、英国科研人员激励政策与实践

（一）兼顾物质奖励与荣誉感的政府科技奖励政策

我国对科研人员的荣誉激励还应加强，应让有所贡献、有所作为的科研工作者成为国家荣誉的受益者，也应在社会中形成以科研为荣的文化。英国政府科技奖励在设立时就明确优秀科研人才必须得到与他们的研究工作相匹配的报酬与荣誉，并设法使这些科研人员从烦琐的经费申请中解放出来。英国政府非常注重奖励有发展前景或正处于事业发展上升时期的科研人才，同时侧重于奖励一定的经费以供科研工作使用，这种奖励方式对科研人员在资金和生活保障方面起到积极的作用。除物质奖励，英国政府科技奖励还具有崇高的荣誉性，一方面，大多数奖励的授予对象一般明确为科学家或在科技方面作出重要贡献的人士，直接奖励到个人；另一方面，英国政府科技奖励的荣誉感除来源于其奖励自身的稀缺性原则，还有国家元首亲自批准和参加颁奖仪式的庄重性，以充分显示政府科技奖励崇高的精神价值。同时，奖励工作、获奖者及其事迹会被广泛报道，在整个科技界乃至全社会产生轰动效应，使得获奖者的荣誉感进一步得到强化，这对激励获奖的科学家乃至广大科研人员的创造激情会产生积极的影响。

（二）多元化的收入分配激励政策

我国科研薪酬制度存在的典型问题体现在基本工资过低，薪酬水平差距大，月薪制度名目繁多及项目经费约束严格这些问题上，借鉴英国科研人员年薪制度，将有利于解决我国科研薪酬制度中存在的问题。英国的公共科研体系科研人员实行以固定年薪为主的薪酬制度，并在此基础上建立绩效加薪的正向激励政策，对有突出贡献的科研人员实施奖励。激励政策包括长期性和短期性两类政策，长期性政策主要针对业绩突出、形成特殊贡献的人才及高端人才，主要通过固定薪酬调整来实施。具体实现途径基本上采用基于业绩评定的年度绩效加薪、基于职级晋升的岗位加薪及特殊人才挽留加薪三种方式，反映了机构对员工累积性付出和能力的长期性激励。短期性政策设计则较为灵活，奖励的内容和方式更加多元化，多因事而奖，既可以是参与知识转移或技术转让工作的奖金或股权收入，也可以是短期性工作贡献奖励等。

（三）以促进科研人员职业发展为目标的科研人员评价政策

英国的科研人员评价政策以"发展性评价"理念为原则，聚焦于科研人员的发展潜力和创新能力的动态演进，努力促使科研人员明确未来的具体目标和行动计划，以此激发员工的工作激情，促进科研人员职业发展。一方面，着眼于平衡个人抱负、发展诉求和所在科研机构目标之间的关系；另一方面，关注评价对象个体的差异，积极探讨评价对象当前角色及未来职业发展所需的学习和训练机会，通过发挥评价过程的诊断功能，识别阻碍科研人员工作效率的问题和障碍。同时，英国的科研人员评价体系在评价内容方面，还关注评价对象的岗位类别、工作特性等个体差异，实行分类评价，发挥评价的目标导向和诊断功能确立不同的评价标准，突出评价的多维性及多元评价主体的作用。

（四）自下而上的学术不端治理体系

英国学术不端治理体系为三重治理结构：科研机构支持和监督其科研人员；基金组织引导和监督科研机构；科研诚信办公室（UKRIO）和其他辅助组织支持三者活动。同时，这些治理结构还签署了《支持科研诚信协议》，并以此为基础形成了全面的学术不端治理体系。在《支持科研诚信协议》中，每一项承诺均指出了科研人员、科研机构、基金组织及其他相关组织的责任，从而明确与加强了这种结构。英国学术不端治理体系最突出的特点是，既服务于科研人员的发展，也仰赖于科研人员的自律才能发挥作用，从而更好地发挥学术不端治理体系的正面激励作用。

三、日本科研人员激励政策与实践

(一) 科研经费管理政策

竞争性科研经费管理制度。日本的研究经费按照经费类别主要分为两类，一类是国家分配给各独立行政机构的经费，一类是竞争性科研经费。竞争性科研经费主要用于国家课题对应型研究和以求知为导向的研究，后者主要基于学者的研究创新和研究自由，鼓励研究者以问题为导向，创造性地开展研究。竞争性科研经费配置机制避免了科研项目的申请出于满足政府对重大社会问题和现实问题需求而导致的"具体及狭隘"，实现了对科研工作者研究自主权的尊重，也激发了科研工作者创新工作的热情。

人性化的科研激励制度。日本重视为科研工作者提供良好的科研条件，并形成了人性化有效激励制度，如实施资助研究者的优惠制度、科研合同制度、学术休假制度、教师专业发展专项基金制度等。这些良好的学术氛围与激励制度为教师提供了优惠的物质条件，激励他们高质量完成科研，参加国内外各种学术交流活动，了解学科动向，扩大学术影响。其中，学术休假或研究假制度是促进教师专业发展的重要激励手段，科研工作者在学术休假期间的研究范围不限，既可继续从事原有课题，也可开拓新的领域，或进行深造、专题研究、实证调查。

(二) 科技成果转化政策

制定成果转化相关法律细则，激发科研人员参与成果转化的热情。日本确定"技术创新立国"新战略之后，为促进科研成果转化，提升现实生产力，政府先后制定了一系列专门的科技成果转化法律法规和政策措施，明晰科技成果转化过程中的相关细则。1998 年，《大学技术转让促进法》确立了政府从制度与资金方面对高等院校科技成果转化工作机构支持与资助的责任；1999 年，《产业活力再生特别措施法》《国立大学法人法》规定了成果转化、转让产生的全部收益由高等院校及科研机构自主经营管理，加快了科技成果的转化开发和向企业的技术转让;《技术转移法》（1999 年）、《产业技术强化法》（2000 年）、《知识产权基本法》（2002 年）、《专利法》（2005 年）、《教育基本法》修正案（2006 年）等相关法律的出台，促进了高等院校和研发人员参与科技成果转化的积极性，也提升了科技成果转化和技术创新的效率。

明确科技成果转化收益分配，增加对科研人员的创新激励程度。在科技成果转化收益分配方面，日本对科研人员的创新激励力度有所增加，日本《知识产权战略大纲》中提及政府于 2002 年废除发明补偿金上限的规定，增加了补充额度。日本科研机构及高等院校在此基础上形成了各自的科技成果和发明补偿及奖励分配相关规定。一般来说，高等院校及科研机构在专利转让及许可方面的收益分配的做法是将收益的 15% 作为技术转让管理费扣除之后，剩余收益一部分奖励给科研人员，一部分留给高等院校或科研机构用作专利申请费用、技术转让负责人的人员工资等。同时，高等院校及科研机构还会设置一年一度的表彰会制度，对技术转让相关工作中贡献突出的科研人员给予表彰。此外，科研人员在职期间的科研成果成功转让之后，即便该人员已离职也仍然要给予其相关利益分配，由此提高科研人员的奖励力度，激发科研人员工作及成果转化热情。

成立专门科技成果转化机构，加大科技成果转化资金支持。日本高等院校或科研机构的科技转化工作靠专门的科技成果转化机构（TLO）完成，主要负责高等院校科技成果的转化开发、专利申请和技术转移、转让工作。日本政府针对科技成果转化机构的运作做了相应的法律政策规定，同时还对科研能力较强、成果产出量较多的转化机构提供一定的经费支持，并制定较完善的激励政策和措施，使成果转化机构有一定资金积累和较充足的经费保障，也进而保障了科研人员科技成果转化过程的顺畅。

（三）薪酬分配与绩效奖励政策

职位分类清晰，薪酬分配遵循工作年资和职位相结合的原则。日本科研人员主要分为常勤职员（终身雇佣制）、任期职员（以项目制或短期任期制签订雇佣合同，合同期满可视情况续约）、非常勤职员（兼职）。不同于我国月薪制计酬方式，日本科研人员常勤职员执行年薪制，更符合科研人员的职业特性。同时，日本科研机构和国立大学均有详细的薪级表，对各类各级人员的基本工资基于其经验、能力、知识及职位职责作出明确规定，并基于员工的经验、能力、知识及职位职责来确定工资档位。新入职员工的工资档位依据学历、资质、工作经验，以及参照与其经验相当的同事的工资档位来确定。以日本产业技术综合研究所的薪酬体系为例，基本工资根据职位划分为五个等级，事务/技术职员和研究职员均可通用，每个级别都有相应的职称要求。薪级的晋升主要看评估期内的工作表现，并且有详细的晋升表，产业技术综合研究所规定了从一级晋升到二级，不必从二级的底层开始晋升，充分反映了工作年资和职位相结合的原则。

保障基本工资，强化绩效工资的精神激励作用。日本的科研人员具有较高的收入及社会地位，收入水平处于中等偏上。为激励青年科研人员，并为职业早期的科研人员提供更大的增长范围，日本设置了较多的工资档位和较高的基数增幅，保证青年科研人员工资的稳定增长。同时，日本科研机构和国立大学还设有种类繁多的补贴，如薪水调整补贴、管理人员津贴、起薪调整津贴、家属津贴、教育和合作研究津贴、房屋津贴、两地分居津贴、从事义务教育学术人员的特殊津贴、附属学院学术人员的加班津贴、交通津贴。日本科研人员的岗位工资、薪级工资及津贴在收入中的比重高达70%，更强化绩效工资的精神激励作用，使得不同岗位的科研人员能够潜心于自身岗位工作，各司其职，各尽其责。

制订专项资助计划，激励科研人员个人从事创新活动。为培养驱动创新的科技人才，以世界顶尖的科研人员为标杆，日本政府开展了一系列的专项资助计划，如"240万科技人才开发综合推进计划""21世纪卓越研究基地计划""科学技术人才培养综合计划""最先端研究开发支援计划"等，资助对象以博士研究生等青年科研人员为主。此外，日本政府还通过对取得国际性科学奖项的学者授予荣誉称号来激励个人从事创新活动。

（四）科技奖励赋予举国荣誉

科技奖励作为激励机制的重要因素之一，对日本科技创新的发展起到了重要作用。日本科技奖励制度源于明治维新时期，按照荣誉级别不同，大致可分为4层：国家最高荣誉——文化勋章（内阁总理决定）；国家荣誉——文化功劳者（文化大臣决定）；文部科学大臣表彰（文部科学省体制内）；其他多种类的奖励方式，比如各级地方机构、学会/协会、行业、著名企业、民间机构（如媒体机构）。日本国家科技奖励，特别是荣典制度受奖者，由下向上推荐、审核，向上涉及天皇、总理大臣，向下涉及各省厅大臣、地方长官等，系统构成严谨，但运作透明，公平合理，质疑很少。

（五）保护科研人员身心健康政策

日本对科研人员身心健康极为重视，这既有利于提高科研人才的创新能力，也有利于知识的传承和转移。一方面，政府通过一些干预措施和法律措施对科研人员的健康进行保护，每隔5年进行一次压力普查，关注科研人员的工作压力状况，甚至专门立法来提高"过劳死"的赔偿额度，并修改相关法律，使法院在科研人员"过劳死"案件的审理中对科研人员生命健康权利是否受到侵害作出更公正客观的判决。另一方面，日本科研机构要求员工制订个人健康研修计划，帮助员工养成健康生活习惯，注重身体素质的提高，并在工作单位设有减压室，供员工发泄不良情绪，保障员工心理健康。

四、法国科研人员激励政策与实践

第二次世界大战后，法国政府为了赶超其他西欧国家，大力倡导科技创新，加快建立和完善国家创新体系。法国在航空、能源、运输、医药、化学、军工等多个领域内取得了卓越成就，并一直保持领先地位，这些领先优势与其在科研领域内的体制建设与人才政策是密不可分的。法国吸引了大量优秀外国学生或科研人员赴法求学或工作，同时也特别注意培养本国的优秀科学人才，这些国内外的科研人员为法国科学事业的发展贡献了不可忽视的力量。面对日益激烈的人才竞争，法国新近出台了一些针对优秀科研人才的政策，目的是既吸引国际人才，又防止本国人才流失。

（一）解决后顾之忧的多样化物质激励政策

我国除科研人员个体物质激励制度与法国存在明显差异，在科研人员家庭保障性措施和科研团队的激励制度上也存在一些差异。法国政府在为海外归国科研人员提供"优秀人才居留证"和物质科研奖励基金外，还可以帮助解决家属的工作和保险事宜。除针对科研人员家人的措施，法国国家科研中心还实施"专题激励行动"项目，为青年科研人员提供科研经费，鼓励和帮助他们在既有科研机构中创建自己的科研团队。上述支持性举措为青年科研人员的创新发展提供了动力保障机制，使其能够将更为充裕的时间和精力投入创新研发之中。

早在20世纪90年代，法国教授的工资水平就在1.27万法郎/月至2.57万法郎/月，而企业工人的工资仅为0.44万法郎/月至0.75万法郎/月，教授工资为工人工资的2.89～3.43倍。即使是大学讲师的工资水平也在0.8万法郎/月至1.6万法郎/月，工程师的月工资为0.91万法郎至1.46万法郎，由此看出高级专业人员的工资水平为工人的2～4倍。相较于公务员工资水平来说，两者工资基本持平。①

后金融危机时代，法国同其他主要发达国家一样，面临调整产业结构、转变经济增长方式的挑战。由于国内需求趋于疲软，主要贸易伙伴经济增长乏力，法国整体经济表现不尽如人意。欧洲主权摘取危机的溢出效应，让法国经济前景不容乐观。经济的下行趋势，对法国的整体就业环境造成了负面影响，法国人才流失状况未能得到很好的改善。面对严峻的形势，为重振本国科技、提高经济水平，法国政府将发展的战略重点落到人才工作上，吸引和接受国际上最优秀的科研人员和教学研究人员来法国工作，这样不仅可以优化科研队伍、提升科技创新能力，同时也可以证明法国在国际上的吸引能力，改善法国

① 佚名.国外教育、科研、卫生等专业人员的工资制度和工资水平情况［J］.经济研究参考，1993（Z6）：1175–1179.

的国际形象。为此，法国政府从不同层面入手，推出了一系列政策和计划，希望通过创建有效的科研环境和机制，吸引国际、国内的高水平科研人才，并激励创新型人才发挥才能及主动性和创造力。

以科研物质奖励激发科研人员能动性。法国于 2008 年推出"卓越人才计划"，该计划通过项目招标的形式进行，面向所有学科领域，每年面向全球进行一次招募。① 这项计划也专门针对青年人才设置了"优秀青年学者"职位，面向已经在国际层面上以其重要的科研成就而获得一定认知度的青年学者，受资助者可以在 3 ～ 4 年的资助期限内拥有一个临时或正式的科研工作岗位，并在科研基础设施建设方面获得资助。2009 年 9 月，法国在高校和科研职业价值化框架体系中增加一项科研优秀奖金，授予科研水平较高的研究型教师、科研主管及研究室主任一定金额的奖金；同时另设有国际水平的杰出科学奖。法国出台的《国家研究与创新战略》中提到：要修改人力资源政策，吸引移居海外的法国研究人员回国，并提升科技职业的价值，使其更具吸引力和竞争力。比如，法国国家科研署推荐的"优秀领军人才计划""博士后回归计划"，欧盟发起的"玛丽·居里行动计划"等；通过建立新的机制，如联合带头人、奖金、流动援助金等，大力发展高等教育和研究职业中的特有管理文化。

此外，对于不同学者法国还设有"青年研究学者计划""优秀客座教授计划""国际联合自主计划"和"于贝尔·居里安计划"，其主旨都是鼓励青年研究学者独立自主开展研究项目，为其提供研究经费，并帮助其开展国际合作。

保障家人生活的配套政策保证科研人员的专注性。法国在 2006 年通过了关于外国移民融入法国的新法律，其中《优秀人才居留证》适用于所有非欧盟国家的公民，主要面向高水平的学生和研究人员、企业家、艺术家及运动员。2009 年，法国公布新的移民新政：在法国境外居住和定期在法国境内居住的外国人可向法国领事机构申请《优秀人才居留证》，从而在法国从事与职业计划相关的工作。2007 年，法国政府在财政困难的情况下，设立了"国家级海外研究人员归国奖励基金"，为回法国的海外顶尖学术带头人给予 20 万欧元的

---

① 张金岭. 法国重视吸引和支持青年科研人才［J］. 中国人才，2014（15）：58-59.

特殊奖励，还解决其家属的工作和保险事宜 ①。

科研团队的辅助政策提升科研人员的合作性。1990 年，法国国家科研中心（CNRS）就开始实施面向青年科研人才的"专题激励行动"项目，旨在为青年人才提供科研经费，鼓励和帮助他们在既有科研机构中创建自己的科研团队，并由他们领导团队进行科学研究工作。"优秀青年人才归国计划"对于年轻学者的资助内容包括学者本人工资的全部或一部分，以及其科研团队（包括 1 名博士研究生、1 ～ 2 名博士后研究人员）中研究人员的薪酬；还包括研究工作中所需要的基础设施建设、科研器材的购置、团队运转经费等，整个资助项目经费的上限为 70 万欧元。在此项计划中，国家科学研究署给受资助的学者本人所支付的月薪不超过 3100 欧元。

（二）荣誉赋予式的精神激励政策

法国国家科研中心（CNRS）、法兰西科学院等重要科研机构与咨询机构设有奖项授予表现优秀的研究人员。法国国家科研中心自 1954 年起设有"法国国家科研中心奖章"，分为金奖、银奖、铜奖，每年对研究人员的全部工作开展评选，对优秀人才予以颁奖鼓励，不设奖金。法兰西科学院每年颁发 80 余个奖项，授予在基础研究或应用研究领域方面表现杰出的法籍或外籍研究人员，主要包括科学院大奖、国际奖项与专题奖项三大类。其中，分量最重的奖项是设立于 1997 年的"科学委员会奖章"，每年在科学院下属学科中轮流，颁发给 1 名杰出研究人员。2009 年 7 月，法国通过了《关于奖励高等教育和研究人员的卓越科学奖法令》，旨在鼓励取得突出成就的研究人员和教师研究院。对于符合奖励条件的研究人员，政府连续 4 年发放"卓越科学奖"，且可以重复享受。这一奖项主要针对获得国际和国家级科学奖项、作出卓越科学贡献及达到较高研究水平的 3 类研究人员。

法国政府重视对宏观环境的持续评估，建立常设机构对现有政策进行评估和总结，本着发现问题、分析问题和解决问题的思路，强化部门协调，调整宏

---

① 郑永彪，高洁玉，许睢宁. 世界主要发达国家吸引海外人才的政策及启示 [J]. 科学学研究，2013，31（2）：223-231.

观政策，最终达到持续改善的目的。

（三）合作集群式的科技成果转化制度

科研人员激励政策提出的基本初衷是，激发科研人员主观能动性，刺激创新产出。但其中必不可少的链条就是科研人员知识产出与科技产出间的成果转化过程。只有保证了科研人员所需的合作共享和资源供给要素需求，才可有效保障科技成果转化落地，科研人员的物质利益才可享受到位。因此，法国政府出台系列制度举措，促进科研人员科技成果转化实现。

为提供充分的科研服务促进科研人员的科技成果转化，2005年法国启动了"竞争力集群计划"，承担法国创新型企业、技术、项目和人才的孵化器功能。为保证科研机构与工业界的密切合作，以促进科研成果的转化，法国国家科研署给予相应科研机构"卡诺实验室"资质，借以集中相应科研人员，并对其给予科研预算资助[①]。根据2006年法国出台的科研法案，法国公共科研机构、高等院校和企业为了加强一个或多个领域的高水平的合作研究，可以成立类似基金会性质的"先进研究专题网络"，不仅可以获得国家资助，而且可以接受外界捐助，在基础研究或前沿研究领域开展合作研究。2010年法国实施"研究设施招标计划"，通过资助百余项基础科研设施项目（优先资助国家创新战略确定的科研优先领域），借以完善基础设施，创造良好科研环境，吸引高端人才到法国从事科研活动，提升法国科研水平。

（四）人性化的科研评价体系

我国的科研人员评价体系更为注重职称的晋升评价，路径看似更为清晰明了，但也更为单一化，犹如千军万马过独木桥，导致科研人员晋升压力大，热情减退。此外，我国现阶段逐渐开始重视科研人员学术舞弊和学术不端现象，但还未形成基本的科研人员诚信评价体系，导致对科研人员的管制过于宽松，科研人员自律性不高，且激励制度存在漏洞，极易造成科研人员待遇不公平、

---

① 郑军，陈景婷. 法国研究型大学拔尖创新人才培养的经验及启示［J］. 河北农业大学学报（社会科学版），2019，21（1）：26–33.

不平等的现象出现。未来我国可借鉴法国人才评价体系建设，不仅要注重人才晋升道路的畅通，还要注重科研人员的多样化路径选择，并在此基础上做到激励与约束并重，加速我国完成科研评价体系的建设。法国构建以科研人员发展为中心的评价体系的具体做法如下。

20世纪60年代，法国面临国内经济发展和国际竞争的双重压力，迫使政府走上高等教育改革之路，而大学科研人员的评价晋升机制是其中一项重要内容。法国大学教学科研人员评价的主要法律依据为1984年1月26日出台的《高等教育法案》，又称《萨瓦里法案》，以及同年6月6日颁布的《关于高等教育教学科研人员身份的政令》。根据现行法律规定，法国大学教学科研人员评价分为三类：入职评价、晋升评价及与学术休假相关的评价。上述三类评价的主要负责机构为高等院校的学术自治机构和国家大学委员会（CNU）。脱胎于《高等教育法案》及其配套政令的法兰西第五共和国大学教学科研人员评价制度经过三十余载的发展积累了许多宝贵的经验，形成了一套独具法国特色的评价体系。该体系具有发展呈阶段性、发展导向性、评价主体多元化、评价客体多样性、重视同行评价、兼顾教学与科研等特点，主要从立法层面形成对高等院校科研人员的评价体系。2008年，法国教研部宣布了"2009—2011年高等教育教学和科研职业计划"，旨在提高法国高等教育教学和科研岗位的吸引力，强化大学和科研机构的资源整合，强调通过增加科研投入提高法国高等教育教学和科研队伍对优秀人才的吸引力，鼓励人才流动。该计划同时强调要强化"透明"原则，优化科研成果和科研能力评估，基于实用和客观的原则优化晋升机制，避免人才流失。①

由此看出，法国已经建立了一套完善的以科研人员发展为中心的评价体系，但具体的实践中仍存在相关问题：第一，退出机制缺位。《关于高等教育教学科研人员身份的政令》（2019修正）第21条和第41条规定正式入职的副教授与教授均为法国的A类公务员，即公务员中级别最高、待遇最优渥的一类。同时，1984年颁布的《关于国家公务员制度的法案》明确公务员的职务是

---

① 陈云良，莫婷婷. 法国大学教学科研人员评价制度研究［J］. 南华大学学报（社会科学版），2020，21（1）：94-103.

终身制的。可见，法国法律对正式入职的教学科研人员并没有设置退出机制。《关于高等教育教学科研人员身份的政令》（2019 修正）第 32 条明确了实习副教授的退出机制。根据规定，通过副教授招考的人员，将进入一年的实习期，其间主要任务是接受岗前培训并承担小部分教学工作。期满后，根据其在实习期间的表现，实习人员将被转正或再次进入实习期，甚至解聘。聘用制教员的合同期及退出机制等规定与实习副教授的规定相似。正式入职的教学科研人员退出机制的缺失使上述人员在职业过程中竞争压力较小。虽然，这一缺失的部分负面效果被严苛的入职评价抵消，但法国大学仍不能避免"养懒汉"的现象出现。第二，评价标准模糊。法国大学教学科研人员评价的主要方式是同行间的质量评价。缺乏统一的参照标准和评价对象的多维度性，使人们质疑是否真的能够衡量科技成果和研究质量。

（五）严苛完善的科研人员诚信体系

法国在正面激励科研人员的主观能动性的同时，为合理约束科研人员的舞弊、"懒散"等负面行为，制定了相应的科研人员诚信制度体系。

在法国的科研体制下，科研机构、科研人员和技术人员的待遇、晋升、奖励都与其工作绩效、信用直接挂钩，科研工作受到严格的监督和管理，制度建设和职业道德教育并重。相对完善的科研监督机制，促使科研人员从事科研活动时保持高度自律，从而促进科研信用体系日益完善。法国国家科研中心在 1994 年专门成立了科学伦理委员会，委员会的一部分任务涉及科研工作伦理和规范问题。根据工作章程，该委员会制定了关于科研伦理学的定义解释、应用条例等条文规定，如科研舞弊、科研成果非法占有，科研人员面对科研组织和社会，尤其是在科研评估、科研振兴及专家鉴定等工作方面所应承担的责任和义务等。该委员会专职调解员由法国国家科研中心总主任根据道德水准、科研经验及对单位事务的熟悉程度等情况而选择一位有名望的人担任，任期 3 年，不可续任 [1]。

---

① 张烨. 法国构建科研环境吸引人才 [J]. 全球科技经济瞭望, 2013, 28（3）: 21-28.

法国依靠良好的会计计划管理制度、完善的科技评价体系和规范的评价方法等途径，防止学术舞弊和抵制学术腐败等不良现象或不端行为。相对完善的科研监督机制和与科研信用直接相关的个人待遇、晋升、奖励机制，促使科研人员从事科研活动时保持高度自律，从而促进科研信用体系日益完善。

五、德国科研人员激励政策与实践

德国是世界经济强国，更是世界科技创新强国，近年来一直被列入创新领导型国家行列。德国发展成为世界科技创新强国，与其在吸引全球顶尖科学家、管理高层次科研人才、培养青年后备方面实施的相关政策及采取的一系列行之有效的措施密不可分。这些政策措施突出体现在薪资制度、人才评价机制、高端人才引进和激励措施、青年后备培养计划、立法保障等方面。人才开发涉及的因素众多，显现的效果是综合作用的结果。德国基础研究领先，科技实力雄厚，发明创造众多，工匠精神蜚声世界，是公认的科技创新强国，而科技创新的扎实推进则源于德国政府科技政策和人才政策的驱动和激励。

（一）多种保障的物质激励政策

相较于德国，我国更为注重科研人员的无私奉献精神，强调科研人员责任意识强于物质利益的获取，因此我国仅实行基本的月薪制度，其他收入通常为补贴和津贴方式，但稳定性较小。此外，荣誉激励机制下很少附带相应的奖金额度标准，期权股权制度不尽完善，总之，我国的物质保障措施较少，有待补充，未来应提升基本的物质保障手段以解决科研人员的后顾之忧。而德国，一方面，物质激励手段对科研人员的激励性更强，保障性更大；另一方面，激励手段的多元化，为科研人员提供了更多的选择方式，更适应科研人员多样化的物质需求，顺应了创新快速发展、人员流动性更大的整体趋势环境。德国在保障科研人员物质激励方面的政策如下。

高额的工资薪酬制度，保障科研人员的基本需求。德国的公立大学、公立研究机构的在编科研人员都是固定工资。另外，入职时的薪资可以因人而异，如在基础研究领域全球领先的马克斯·普朗克学会各研究所的教授，其工资甚至可以和德国的国务秘书（相当于副部级）一样。尤其是，德国大学教授及其他公立科研机构有永久职位的科学家都是德国的公务员，退休之后享受最高等级的退休金和医疗保险。没有后顾之忧，使得绝大多数教授能够安心从事科学研究。从学历角度看，毕业文凭级别越高，薪资水平就越高。

德国不同层级人员工资水平存在一定差别。德国从 2005 年起实施 W 型薪酬体系，它取代了之前的 C 型薪酬体系。W 型薪酬体系与 C 型薪酬体系对比的主要差别在于 W 型酬劳的基本工资低于 C 型酬劳，但科研人员主要通过短期奖金等补贴形式提高总体收入。这样，德国科研人员的工资包括基本工资（不和工龄挂钩）、补助与副业收入 3 部分。德国的薪酬体系是个多元化的薪酬结构[1]。德国高等院校教师等科研人员属于国家公务员，享受公务员待遇，薪酬待遇和社会地位都处于中上水平。

德国在 2002 年推出了《教授工资改革法》，首次引入了 W 型工资。其具体内容为：① W 型工资由 3 种工资类型组成，分别是 W1 工资，适用对象是青年教授；W2 工资，适用对象是教授（包括大学教授、应用技术大学教授、艺术学院教授和教育学院教授），以及依据州法不属于 W3 或 A 或 B 型工资的高等院校校长（院长）、副校长（副院长）、教务长；W3 工资，适用对象是教授（包括大学教授、应用技术大学教授、艺术学院教授和教育学院教授），以及依据州法不属于 W2 或 A 或 B 型工资的高等院校校长（院长）、副校长（副院长）、教务长。② W 型工资由基本工资与绩效工资组成。③ W 型工资中的基本工资是固定的，其中 W1 的基本工资为 3260 欧元，W2 的为 3724 欧元，W3 的为 4522 欧元。基本工资应该随着社会经济的变化而调整。④绩效工资也是浮动工资，又分为 3 种类型，分别是：因高等院校招聘及挽留而发生的绩效工资；因在科研、教学、艺术、继续教育及后备人才培养上作出的特殊贡献而发生的绩效工资；以及因在高等院校自治行政或领导岗位上承

---

① 王金花. 德国高层次科技人才开发政策和措施 [J]. 全球科技经济瞭望,2018,33（7）:
5–10.

担特殊任务而发生的绩效工资。前两类绩效工资可按期限支付或者一次性支付，后一类绩效工资可按承担任务的期限支付。2018 年 11 月 29 日制定的《联邦公务员工资法》引入了"经验期限"，基本工资提升，并在 W2 和 W3 的基本工资中分为 3 档，每 7 年晋升一档。其中 W 型工资的基本工资：W1 工资，4702.01 欧元；W2 工资，第一档 5841.55 欧元，第二档 6185.17 欧元，第三档 6528.80 欧元；W3 工资，第一档 6528.80 欧元，第二档 6986.95 欧元，第三档 7445.12 欧元。

宽松的引才制度，吸引海外优秀科研人员留德。2000 年，德国实施了新国籍法，意在通过放松国籍政策最大限度地保留非德裔人才。面向软件开发、多媒体、程序设计、信息咨询、网络应用等专门人才实行"绿卡制"，以吸引信息技术人才来德国工作。从 2001 年开始，德国政府及研究机构投入上亿欧元的资金，启动了"赢取大脑"工程，目的是挽留德国本土人才和吸引外国人才到德国来。此举不但留住了大量德国籍研究人员，还吸引了美国、英国等国家的高水平研究人员。最近几年德国基因工程研究的巨大发展就受益于"赢取大脑"工程[①]。2005 年，实行"新移民政策"，有重点地吸引高层人才移民入境。2007 年修订了《科学期限劳动合同法》，为德国青年科学家提供更有吸引力的工作条件。同年，还修改了《移民法》，为世界各地的科学家、研究人员和大学生进一步敞开大门。2007 年年底设立"国际研究基金奖"，吸收所有学科、国家的顶级科学家到德国工作。2008 年年底，通过了"工作移民行动项目"政策，对外国精英人才更加开放。另外，设立科研奖项，吸引海外人才。

丰厚的奖项激励，激发科研人员的创造热情。2004 年起，德国的洪堡基金会利用联邦政府出售通用移动通信系统执照所获资金，向 35 岁以下优秀科学家颁发索菲亚·科瓦列夫斯卡娅奖，鼓励其进行独立研究。德国政府还专门成立了大学英才资助机构，为大学生和青年学者提供奖学金，此政策已成为培养科研后备力量的一项核心政策。2007 年又启动了"工程师后备人才"资助计划，

---

① 郑永彪，高洁玉，许睢宁. 世界主要发达国家吸引海外人才的政策及启示 [J]. 科学学研究，2013，31（2）：223-231.

加强人才的储备。德国还于 2008 年启动"亚历山大·冯·洪堡教席－国际研究奖"计划，旨在吸引全球范围内各个学科领域的顶级科学家。

繁多的物质保障举措，提升科研人员的归属感。德国最重要的研究资助奖项是"莱布尼茨奖"，该奖项由德国联邦政府于 1985 年设立，委托德国研究联合会组织实施，每年颁发 1 次，每次的获奖人数通常不超过 10 人。德国实行股份与期权制度，面向高科技企业的主要技术骨干，给予其股票期权，使其成为公司持股人，以吸引和留住人才。

另外，还成立了"德国学者组织"，以吸引海外德国籍高层次科技人才回国创业，为其提供教育或科研领域的高级工作职位，同时为其子女就学及眷属就业提供机会。

（二）公平自主的科研人员评价体系

我国的科研人员评价体系与其他行业类似，实行统一的科研职称评定准则，科研人员需要达到规定的年限和标准后才可晋升评价。这种评价体系较为固化和僵化，无法适应多元化创新的科研制度环境，会导致科研人员职称评定压力过大，不能激发科研人员相应的创新热情和积极性，最终影响创新成果产出。相较我国，德国的科研人员评价体系更为客观公正。2002 年德国联邦政府实施了"初级教授计划"，鼓励年轻学者从 30 岁开始独立从事研究和教学工作。2002 年，德国联邦议院通过《高等院校框架法第 5 修正法》草案，为在大学建立青年教授制度提供了法律依据。2005 年，德国联邦政府启动"精英大学计划"，目的是将德国大学打造成为世界一流大学，提高德国高等院校从事尖端科研的水平，主要针对德国高等院校的博士研究生，培养科研后备力量[①]。2006 年，联邦教研部制定《科技人员定期聘任合同法》，规定将公立科研机构研究人员的定期聘任合同的最长期限放宽至 12 年或 15 年，以留住青年科技人才。在德国，政府不过多干预科技人才管理和评价，大学和科研院所享有较高的自主权和决定权，可自行围绕教学和科研定位选择相应的评价

---

① 高同彪，刘云达. 德国"精英大学"科技人才评价策略述评 [J]. 吉林广播电视大学学报，2018（11）：102–104.

方法，制定相应的评价指标，评聘各级科技人才，且科技人才选聘和评价的标准与过程具有公开性。德国的奖项评选较少，均由权威的学术研究机构负责评选，而非由政府部门评选，在整个评价过程中已建立了比较完善和严格的监督机制。

（三）螺旋累积的名誉激励政策

针对精神激励，德国科研人员的工作绩效考评不与科研产出直接挂钩。多发论文、能承担多项科研项目或大的科研项目等有助于申请更多、更大的政府科研资助计划，如德国联邦政府最大的科研资助机构德国研究联合会（DFG）设立的精英计划项目。科研成效的评价结果主要体现在科研条件是否得到改善以及教授或研究所所长在业界的声望如何。德国科技人才严格要求自己，追求求实精神、理性精神和臻善精神等，这不仅是激励自我的一种良好的方式，也促进了德国创新创业的发展。如果连续多年没有科研成果，学校则会削减业务开支，但不影响个人薪资。马克斯·普朗克学会则采取更为严厉的措施，即开展的研究如果不是世界前沿性的或是未针对前瞻性科学问题，学会就直接关闭研究所或取消工作组，将科研人员遣散或分流。

尤为严重的是，如果连续多年没有显著的科研成果，教授将羞于和同行交流。这样的教授无法吸引到好学生，他们的学生毕业后在科研领域就业也将受到负面影响。因此，即使衣食无忧，作为科研领军人和规划者，教授们也会竭力开展细致而有意义的尽可能前沿的科学研究，以维护自己在国内和国际学术圈的地位。当然，其中也不乏科研自觉。这种评价机制下更被关注的是科研和论文的质量，而不是数量。

（四）全方位的人才服务政策

2005 年德国批准"顶尖科研资助"项目，计划在 2006—2011 年投入 19 亿欧元，打造一批世界一流的大学和科研机构。德国政府联合一批社团组织和基金组织，配合政府、大学及科研机构签订"研究与创新公约"，参与培养优秀青年人才，为不同层次青年科技人才提供成长机会①。2012 年，德意志学术交流中心和洪堡基金会为促进德国和外国研究人员间的合作交流，开展青年学生的交换、攻读博士学位、实习、客座讲授等方面的资助项目。德国设立的巴登－符腾堡高新区是德国高技术公司和科技人才最集中的地区，科技服务活跃，技术交易、技术交流频繁。该地区拥有一批世界著名的科技服务机构，如史太白基金会（STW）、弗劳恩霍夫应用研究促进协会（FhG）、德国工业研究联合会（AIF）和德国工程师协会（VDI）等。这些服务机构在科技成果转化中发挥着重要作用，通过科技服务激活了区域科技资源的活力，促进了地区技术创新活动的良性循环。德国最大的应用技术研发机构弗劳恩霍夫应用研究促进协会凝聚了一批既善于把握科技前沿又熟悉企业需求的创新能力强的复合型科技创新领军人才，建立了较完善的有利于人才成长和流动的机制。

六、韩国科研人员激励政策与实践

1962 年，韩国第一个经济发展五年计划的启动标志着韩国科技兴国战略的全面实施，也意味着其人才发展进入新轨道。在"第一个经济开发 5 年计划"框架下，韩国制定了"第一次技术振兴 5 年计划"专项规划，旨在加强科技人力资源开发和国立科研机构的组建，促进国际先进技术的引进和吸收，从而为自主创新能力的建设奠定基础。实践证明，始于 20 世纪 60 年代的经济、科技改革带动了韩国经济的迅速腾飞和科技的快速发展，使韩国一跃成为世界第 12 大经济体，并且在汽车制造、电子、信息通信及机器人制造等科技领域迈入世界领先之列。韩国卓有成效的科技发展战略和人才政策主要如下。

---

① 冯江源. 大国强盛崛起与科技创新战略变革——世界科技强国与中国发展道路的时代经验论析［J］. 人民论坛·学术前沿，2016（16）：6–37.

（一）立法保障科研人员积极性

进入 20 世纪 80 年代后，韩国由"出口驱动"政策向"技术驱动"政策转变。为了进一步推动科技管理体制的建设，韩国政府于 1982 年召开科技振兴扩大会议，到 1988 年该会议改由民间召开，政府则成立了"科学技术委员会"，负责科技发展宏观决策和调控任务，并负责从体制与机制改革入手奠定人才发展的基础。韩国面向国家科技人才队伍建设的改革发展体现在两大方面：一是完善与之相配套的立法体系，为人才队伍建设提供法律保障。先后颁布并实施《科学技术进步法》（1967）、《技术开发促进法》（1973）、《基础科学研究振兴法》（1989）、《科学技术创新特别法》（1997）、《科学技术基本法》（2001）等一系列法律，并形成了以这些重要法律为支撑的韩国科技创新体系与人才培养机制，从立法层面推动了科技人才队伍的建设[①]。

韩国的科技法律法规条文内容详细，并且有实施令和实施细则相匹配，对韩国科技政策制定、计划设定和实施、各机构的职责和工作内容有着非常明晰的界定，并且韩国政府会对科技法律法规不断进行修订，以保证韩国科技在各个流程和环节都能够做到有法可依、有法必依。以此为鉴，我国可以进一步对《中华人民共和国科学技术进步法》进行修订，或者出台类似于韩国《科学技术基本法》那样的科技类根本大法，对我国的科技体系建设、发展和工作内容进行明确的说明，为国家创新体系的建设提供有力的法律保障。这样，一方面，科研人员在科研工作中有法可依，就能够放开手脚，不会因为法律的模糊而造成想做而不敢做的情况；另一方面，法律的保护有助于维护科研工作者的知识成果，正向激励科研人员持续性创新。

（二）不断完善丰富激励机制

1967 年韩国政府发布了 20 年远景规划《科学技术开发长期综合计划》，其目标是韩国科学技术到 20 世纪 80 年代末达到发展中国家最高水平。20 世

---

① 贾国伟，彭雪婷. 韩国创新人才培育体系及其启示［J］. 创新人才教育，2019（4）：79-82.

纪 90 年代韩国政府陆续发布了《面向 2000 年的科技发展长期规划》《国家先进技术计划（G-7 计划）》（1991）、《2025 构想：韩国科技发展长期规划》（1999）等科技规划和计划，进一步明确了其科技发展的愿景。21 世纪以来，韩国又先后出台《至 2030 年的国家前瞻计划》（2004）、《第二期科技基本计划（2008—2012 年）》（2008）、《大韩民国的梦想与挑战：科学技术未来愿景与战略》（2010）等科技发展中长期规划，提出韩国到 2012 年跻身世界七大科技强国之列、2040 年跻身全球五大科技强国之列的战略目标。这些不同阶段科技规划和计划的实施推动了韩国科技的全面发展，其中主要的亮点在于完善了韩国人才激励制度，带动了韩国科技人才队伍的全面建设[①]。

实行激励机制的最根本的目的是正确诱导员工的工作动机，使他们在实现科研目标的同时实现自身的价值，增加其满意度，从而提高他们的积极性和创造性。韩国对创新人才的激励制度建立在以能力为本、奖惩分明的薪酬制度上，大大激发了科研人员的竞争意识，使外部的推动力量转化成内部自我努力的动力，可充分发挥人的潜能。因此，对于我国战略性新兴产业企业来说，要想抓住高端创新人才，物质激励是必不可少的，但精神激励，尤其是具有人文关怀的激励方式也很重要。企业应当尊重和充分肯定人才的创新行为，表彰他们的科研实绩，满足成就感，实现自身价值，维护其声誉，并提供住房、解决配偶工作、出国进修培训、休假、疗养保健等相关福利待遇。除此之外，还应为科技创新人才提供双阶梯职业发展路径，给予创新人才充分的选择空间，使其可以根据自己的专长，自行决定职业发展方向。

（三）采取动态选拔和分类评价机制

为激励科研人员创新，韩国政府始终注意在完善科研管理机制方面下功夫，如引入以研究课题为中心的科研经费管理模式，将科研组织权下放给课题负责人，通过合同制灵活聘用外部研究人员，充分调动了科研人员的积极性。政府先后颁布实施了《国家研究开发事业成果评价及成果管理法》《研究经费

---

① 李宁，顾玲琍，杨耀武. 上海与韩国科技创新人才培养政策的比较研究 [J]. 科技管理研究，2019，39（16）：73-78.

管理认证制度》等法律法规，在从制度上明确政府及研发主体在成果管理过程中所应承担的责任的同时，为研究成果管理及评价提供了资助和支持保障①。

积极完善人才选拔和评价体系，对创新人才的选拔要打破户籍、学历、资历、级别、年龄等限制人才流动的障碍，完善人才"柔性流动"政策，对于从事基础研究、应用研究和工程技术开发等领域的各类人才实行分类管理，建立不同领域、不同类型人才的选拔和评价机制，通过多样化的招聘途径和专门针对创新人才的选拔标准，对创新人才，尤其是高端核心人才从发掘到在企业中的早期适应，再到培训直至留住人才阶段进行全方位一体化的管理，充分考虑到人才的各种需求，调动人才创新创业的积极性和创造性。对于有发展前途的青年创新人才，建立人才库，不断储备高端创新人才，避免出现人才断层。另外，还需重视对创新人才能力的不断更新，为其提供良好的科研环境，提供出国深造和培训交流的机会，以获得国外最新、最前沿的技术和思想。

（四）打造良好的科研环境

20世纪60年代，韩国的人才外流现象较为严重，滞留海外的比例一度达到88%。韩国政府从20世纪70年代开始实施一系列海外高端人才引进计划，为此分别实施了"高级科学工作者招聘工程"（Brain Pool，BP）、"世界级研究型大学培养工程"（World Class University，WCU）、"世界级研究中心工程"（World Class Institute，WCI）及"留学韩国"（Study Korea）等项目。到20世纪80年代中后期，约有60%的在美国发展的韩国科学家回国，使得韩国经济和科技在这一时期得到了飞速发展②。

在关注如何有效发挥海外人才对国家科技发展的作用的同时，韩国政府积极探索建立有效吸引海外人才的机制和渠道，主要包括：①依托海外人员信息库构建国际高级人才网络。韩国政府自20世纪60年代开始就着手建立韩国海

---

① 方阳春，黄太钢，薛希鹏，等. 国际创新型企业科技人才系统培养经验借鉴——基于美国、德国、韩国的研究［J］. 科研管理，2013，34（S1）：230-235.

② 李秀珍，孙钰. 韩国海外人才引进政策的特征与启示［J］. 教育学术月刊，2017（6）：81-87.

外人员信息库，并通过在全球范围内（如在美国、加拿大、俄罗斯和欧盟等国家和地区）成立韩国科学家及工程师专业组织协会，构建国际高级人才网络。通过这些组织和网络，韩国实现了对人才的国际通联与调用。②将跨国企业作为吸引海外高端人才的重要平台。韩国十分重视通过本国企业跨国投资来吸引高级研发人才，韩国政府已经将本国企业所设立的海外研发机构作为凝聚人才的重要渠道。目前在韩国三星集团供职的在美国获得博士学位的韩裔科学家总数就多达 200 人。③将综合性科技园区作为招才引智的重要渠道。可以说韩国实现科技的跨越式发展的法宝之一即科学城（综合性科技园区）的建设。目前韩国已在大田、光州、釜山、大邱等地兴建多个集技术开发、成果转化和人才培养为一体的综合性科技园区，其在发挥科技辐射带动作用的同时，也成为韩国吸引海外人才的重要手段。以最为著名的大德科学城为例，自 1973 年建成至今，大德科学城集纳 18 个政府研究机构、20 余所高等院校及 27 个企业研究机构，成为韩国拥有博士学位的海外高端人才的主要聚集地。

（五）给予科研人员稳定的收入保障

韩国从 2015 年起已在公共机构全面实施成果年薪制。科研人员实行年薪制，主要基于科研人员的职业特性：科研工作需要较高的创造力，需要对知识和科研能力的前期大量投入，相比短期动态激励更需要长期稳定保障，而且科研工作难于以类似计件的方式量化考核，短时间内也常常无法看到成果，甚至有科研失败的风险，采用年薪制能为科研人员潜心研究提供稳定的收入保障和收入预期。

年薪制具有多种模式，韩国科研人员采用的是类公务员模式，即以所聘职位等级或以职位等级加业绩为基准来决定基本年薪，其特点是上限封顶、下限托底，收入透明。年薪制的设计既能满足科研人员金钱方面的下位需求，又将其约束在一个有限的空间里，给上位需求（如追求科研卓越和自我价值实现）提供了存在的空间，是一种制衡关系的具体体现。年薪制对科研人员的适用性还表现在，年薪制很大程度上是一种面向未来的分配制度。年薪的确定不是简单地依据过去的业绩，同时看重科研人员所具备的科研能力和贡献潜力[①]。由此不难理解，在韩国等发达国家，一些长年没有显性科研产出的科研人员却能安然地享受较高的年薪待遇。

同样，韩国科研人员薪酬制度采用稳定的年薪制度。年薪制度的最大优势是其带来的稳定性。科研工作存在着风险及不确定性，特别是理论科学的研究还存在收益回报周期漫长的特点，甚至某些理论研究成果在近几十年不会有任何可见收益。那么年薪制给予了科研人员宽松的环境，以鼓励他们对科学理论进行持续的探索。

七、以色列科研人员的激励政策与实践

自 20 世纪 70 年代以来，伴随着人力资本外流日益增多，以及意识到散居群体对国家的潜在贡献，以色列实施了政府主导的高技能人才回流政策体系（State-Assisted Return Policy），通过强调种族文化归属、共同的国家利益等意识形态认同，以及提供良好的职业发展前景和舒适的家庭生活等，激发散居于世界各地的高技能人才，尤其是科学家、研究者及知识密集型企业急需的高端人才重返以色列，利用公共资源为高技能人才的回归提供帮助，以弥补高端人才短缺的局面。以色列高技能人才回流政策体系取得了积极的成效，促进了科技与经济的快速发展，为以色列建设创新创业强国提供了主要力量。作为国家战略，以色列的高技能人才吸引政策体系也经历了广泛的政策变迁，日益强调人才吸引政策的准公共物品属性、高度选择性和差异化补偿机制，通过多元利益主体参与的公私合作模式，提高人才吸引政策的效率和人才与劳动力市场的匹配精准度。以色列激励科研人才回国工作的重要政策如下。

（一）人才激励政策做到"精准匹配"

早在 2008 年以色列建国 60 周年之际，以色列移民与融合部发起了"建国

---

① 张义芳. 基于国际对比的中国科研事业单位科研人员工资制度问题与对策 [J]. 中国科技论坛，2018（07）：150-156.

60 年回归家园"计划（Return Home At Sixty），呼吁国外以色列人回国建设自己的国家，并在就业、税收和子女就读等方面提供优惠。2010—2012 年，以色列移民与融合部希望推动以色列人回归国家的第一次高潮，提出的口号是"该回家了！"之后，以色列政府先后推出了一系列人才引智计划，吸引世界各地的犹太人、非犹太人来以色列创业经营，谋求发展。以色列高等研究委员会、移民与融合部等部门还共建了"海外人才数据库"。2012 年，以色列高等研究委员会、移民与融合部、财政部、经济部共签协议，推进引智工作。2013 年，以色列经济部、移民与融合部、财政部及计划与拨款委员会等共同发起"以色列国家引智计划"（Israel National Brain Gain Program），该计划的指导委员会由上述单位的代表组成，在以色列经济部首席科学家办公室下运作。具体内容是：为旅居国外的以色列人及其家庭回国就业提供帮助；设立回国手续的"绿色通道"、研发条件支持与税收优惠政策；在 5 年内提供 3.6 亿资金为回国人员及其家庭提供就业、生活帮助。除此之外，政府还针对高层次人才允诺其回国后将拥有广阔的职业发展前景，这种非物质激励是高技能人才回流的主要动机。[1]

科技工作者、科技人才的层次和分类往往较为宽泛，从领军型高层次人才到基层科技工作者都属于科技人才的范畴。考虑到不同层次的科技人员，由于其工作性质、社会地位、年龄的差异，以色列针对不同类型层次的科技人才做到了精准匹配、精准施策。针对较低层次科技人员，主要提供资金、住房等满足日常生活的物质激励；而对于较高层次的科学技术人员，社会影响力、职业发展前景是对他们最有效的激励方式。以色列激励科研人员的方式也非常值得我国借鉴，针对该问题，可以做到精准施测，充分了解各专业领域、年龄科研工作者的真实需求，给予最合适的物质激励和精神激励，给予基层工作者、青年工作者宽裕的物质保障，给予高层次工作者应有的发展前景和社会认可。

---

[1] 黄海刚. 从"国家主义"到"职业主义"：以色列高层次人才吸引的国家战略及其变革［J］. 中国科技论坛，2018（2）：180–188.

（二）为科研工作者创造良好的科研环境

"吉瓦希姆"计划是由以色列公司、商界领袖和专业人士组成的一个非营利性的广泛职业协会，对青年技术移民在职场规划、职业衔接、技能培训和社会融入等方面提供帮助。对于加入该组织的公司而言，占有了获取国际范围内高职候选人的直接渠道，大大有利于占领行业前沿地位，因此企业界的积极性也得到了充分调动。截至目前已有数万名新移民通过该项目找到了工作岗位。"吉瓦希姆"协会主席迈克尔·本萨多恩（Michael Bensadoum）强调，新移民在来到以色列时会遇到诸多挑战：适应不同的文化，根据陌生的就业市场调整自己的技能，跨越缺乏社交网络的障碍……"吉瓦希姆"为新移民提供融入过程中必不可少的工具与信息，还使得每个参与者能享受来自人力资源顾问和专业人员的个人陪同计划，帮助他们制定职业计划和目标[①]。

为科研工作者创造良好的科研环境也是以色列激励政策的重点。为了吸引海外人才，以及方便国内科研工作者进行科研工作，以色列着力构建科研网络、搭建科研平台，并联合社会力量为科研工作者提供最有利的工作环境[②]。环境的改善不仅方便了科研工作，给科研人员提供了最新的、广阔的工作机会，而且借助社会力量为科研工作者大展拳脚提供了广阔的舞台，让科研人员学有所用，有施展自己才华的机会，这也是激励科研人员研究热情的重要因素。对于我国而言，同样应该重视科研平台建设，并有目的地引入社会资源以提升科研人员的工作热情。

（研究组：张　茜　陈　晨　蒋建勋）

---

① 李晔梦. 以色列人才战略的演变 [J]. 中国科技论坛，2019（8）：179–188.

② 陈涓，许小华. 以色列的科技与人才政策成效及其借鉴 [J]. 福建教育学院学报，2019，20（4）：71–73+119.

我国科研人员激励政策体系分析

科研人员激励政策是我国科技人才政策体系中的重要组成部分，随着科技人才政策的历史演进也相应发生着变化和演进。科研人员激励政策的演进脉络与科技人才政策基本保持一致，因此，本文先从历史发展角度梳理我国科技人才政策的演进脉络，在此基础上总结我国科技人才政策的基本特征，最后再对我国近年来科研人员激励政策进行要点分析。

一、我国科技人才政策体系演进历程

总体来看，改革开放 40 余年来，我国的科技人才政策可分为 4 个阶段，分别是恢复调整时期、初步推进时期、全面展开时期和创新突破时期。

（一）恢复调整时期（1978—1994 年）

在 1978 年召开的全国科学大会开幕式上，邓小平提出"科学技术是生产力"，随后又指出"四个现代化，关键是科学技术的现代化"，由此奠定了当时以恢复知识分子名誉地位、改善科研人员工作生活条件、重视人才培养、科技体制改革为重点的科技人才政策。

1. 尊重知识分子

1978 年 11 月颁布的《关于落实党的知识分子政策的几点意见》指出，要充分认识到知识分子在实现四个现代化建设中的重要地位，对知识分子要"充分信任，放手使用，做到有职有权有责"。随后又在 1981 年颁布的《科学技术干部管理工作试行条例》中明确指出，各级领导要尊重科学、支持知识分子的合理建议和创造发明。由此从国家政策文件的高度对知识分子的地位和作用给予了充分肯定，并积极消除了社会对知识分子的偏见和歧视。

2. 改善工作与生活条件

在《关于落实党的知识分子政策的几点意见》要求逐步改善科技人才的工作和生活条件后，《关于做好科技干部技术职称评定工作的通知》《关于给专家配备助手的几点意见》《关于有限提高有突出贡献的中青年科学、技术、管理专家生活待遇的通知》《国务院关于高级专家离休退休若干问题的暂行规定》等相关政策相继出台，重点解决科技人才级别、工资、住房、医疗等问题，极大地调动了知识分子的积极性，使其可以专心从事研究工作。

3. 重视人才培养

1977年，国务院批转了教育部制定的《关于1977年高等学校招生工作意见》和《关于高等院校招收研究生的意见》，并于当年底恢复了高考制度。1981年我国根据《中华人民共和国学位暂行条例实施办法》开始实施学位制，由此开始了全国范围内的人才培养。此外，我国开始注重与国外在科学技术方面的交流。1978—1982年集中颁布《关于增选出国留学学生的通知》《出国留学人员管理工作的暂定规定》《出国留学人员守则》《关于自费出国留学的规定》等多个文件调整留学生管理政策，在提高公费扶持力度的同时也解除了对自费留学的限制，对国内人员出国留学具有重要意义。

4. 推进科技体制改革

1985年中共中央发布《关于科学技术体制改革的决定》，全面推动科技体制改革，以改革拨款制度、开拓技术市场、扩大科研机构自主权为突破口，引导科技工作面向经济建设主战场。随后于1987年发布《关于进一步推进科技体制改革的若干决定》，进一步放宽放活对科研人员和科研机构的管理政策，鼓励其将科技与生产相结合，更好地为经济与社会发展服务。

（二）初步推进时期（1995—2001年）

伴随改革开放战略的深入推进，科技人才资源配置分散、科技与经济脱节问题突出。1995年，我国提出了科教兴国战略，使得科技人才工作上升到国家战略层面，也促使科技人才政策逐步规范化发展，并呈现出新的形势。

1. 科技人才政策规范发展

这一时期先后出台了《关于加速科学技术进步的决定》《关于加强技术创新，发展高科技，实现产业化的决定》等典型政策，同时也颁布了《国家科学技术奖励条例》《中华人民共和国促进科技成果转化法》等文件，使得我国科技人才政策制定有章可循，科技人才管理实施有法可依，规范化程度有所提升。

2. 注重高层次人才培养

随着科教兴国战略的提出，人才特别是高层次人才的重要性开始凸显，围绕培养和选拔高层次科技人才这一目标，我国先后启动"211 工程""985 工程"等多个项目和"国家百千万人才工程""春晖计划""长江学者奖励计划""跨世纪优秀人才培养计划"等多个计划来推动高等教育水平提高和高层次人才的选拔。此外，为吸引国外的优秀学术带头人回国，我国从 1994 年开始启动实施了一系列人才引进专项政策。

3. 加快高新技术企业建设

随着科技体制改革进程进入尾声，我国科技工作的重点开始向国民经济建设转移，着重突破"科技经济两张皮"的难点。1996 年，我国《关于"九五"期间深化科技体制改革的决定》指出，要全面贯彻科学技术是第一生产力的思想。因此，政府开始加快高新技术企业建设，并对高新技术企业发展相关平台及服务进行规范和管理，企业逐渐成为科技工作的重点参与主体，企业科研人员也成为我国科技人才政策的关注对象。

（三）全面展开时期（2002—2012 年）

进入 21 世纪，全球科技人才竞争愈发激烈，高端科技人才不足、自主创新能力不高等问题日益突出。基于人才发展规律，我国提出了人才强国战略，将人才队伍建设上升到国家战略的高度。科技人才政策也在人才发展规划的指引下进入了全面展开的新阶段。

1. 注重顶层设计和整体规划

2003 年，《中共中央、国务院进一步加强人才工作的决定》明确了人才强国战略和党管人才的原则，随后又提出建设创新型国家和人才优先发展战略。在此基础上，先后颁布了《国家中长期科学和技术发展规划纲要（2006—2020年）》《国家中长期人才发展规划纲要（2010—2020 年）》和《国家中长期科技人才发展规划（2010—2020 年）》。这些政策文件都对我国科技人才的发展目标、顶层设计和整体规划进一步具体化，明确了人才队伍建设的短期任务，也使得人才管理工作更具针对性。

2. 以建设创新型国家为宗旨

建立国家创新体系，走创新型国家之路，已成为世界许多国家政府的共同选择。根据《国家中长期科学和技术发展规划纲要（2006—2020 年）》的要求，相关政府部门分别牵头组织开展包括"高层次留学人才回国资助计划""新世纪百千万人才工程""海外高层次人才引进计划""长江学者奖励计划（新）"等一系列人才培育与选拔计划，努力使培养"创新型科技人才"成为我国科技人才政策的主要导向，以期实现早日跨入创新型国家之列。

3. 完善人才评价和奖励制度

2003 年 5 月，科技部颁布《关于改进科学技术评价工作的认定》，提出要"区别不同评价对象，明确各类评价工作，分类实施"，一改之前将人才评价工作局限于聘用与职称评定的现象。《科学技术评价方法》（2003 年）和《中共中央国务院关于进一步加强人才工作的决定》（2003 年）更是要求以能力和业绩为导向对科技人才进行综合评价，并对评价原则和方法进行了详细规定。2003 年修订的《国家科学技术奖励条例》和 2004 年、2008 年两次修订的《国家科学技术奖励条例实施细则》更是对科技人才的肯定和鼓励。

（四）创新突破时期（2013 年至今）

党的十八大明确提出"科技创新是提高社会生产力和综合国力的战略支撑，必须摆在国家发展全局的核心位置。"强调要坚持走中国特色自主创新道路、实施创新驱动发展战略。这一时期的科技人才政策的关键要点是人才发展体制机制深化改革，不仅要"遵循社会主义市场经济规律和人才成长规律"来扩大科技人才队伍，还要着力解决人才结构性矛盾，努力建设一支规模宏大、结构优化的创新型科技人才队伍。

1. 培养拔尖创新人才

2015 年 11 月，为统筹推进世界一流大学和一流学科建设，实现我国从高等教育大国到高等教育强国的历史性跨越，国务院印发《统筹推进世界一流大学和一流学科建设总体方案》，培养拔尖创新人才是五项重点建设任务之一。通过体制机制创新，培养选拔出一批世界水平的科学家、科技领军人才，这对我国能否在经济、科技等领域缩小与世界发达国家的差距产生着重要作用。

2. 深化人才发展体制机制改革

《关于深化人才发展体制机制改革的意见》（2016 年）指出要突破人才发展工作中长期存在的难点问题，强调要将学术评价、市场评价、社会评价相结合，不断提升人才评价的科学性和针对性，同时放松对科技成果的使用权、处置权和收益权，赋予科研机构和科研人员更大的自主权。2018 年，国务院先后下发《关于分类推进人才评价机制改革的指导意见》和《关于深化项目评审、人才评价、机构评估改革的意见》，进一步推进了科技评价制度改革。

3. 重视人才创新生态环境建设

鼓励科技人才创新创业，不仅需要公平的商业规则、完善的法律法规，也需要诚实守信的社会环境。2015 年，《中共中央、国务院关于深化体制机制改革加快实施创新驱动发展战略的若干意见》提出要营造激励创新的公平竞争环境；同年，《中华人民共和国促进科技成果转化法》修订完成。2016 年 4 月，国务院下发《促进科技成果转移转化行动方案》；次月，中共中央、国务院联合发布《国家创新驱动发展战略纲要》，明确将"培育创新友好的社会环境"作为保障措施之一；同年 8 月，教育部联合科技部下发《关于加强高等学校科技成果转移转化工作的若干意见》；9 月，财政部下发《关于完善股权激励和技术入股有关所得税政策的通知》；11 月，国务院下发《关于实行以增加知识价值为导向分配政策的若干意见》。这些政策都是为加快实施创新驱动发展战略、激发科技人才创新积极性而制定的。

二、我国科技人才政策体系的主要特征

（一）政策发文规模整体呈现波动式上升态势

以"科技体制改革、科教兴国战略、人才强国战略、创新驱动发展战略"等关键历史事件为节点，对我国科技人才政策进行阶段划分，可以看出，我国科技人才政策数量自改革开放以来整体呈现波动式上升态势。此外，在发布《国家创新驱动发展战略纲要》《国家中长期科学和技术发展规划纲要（2006—2020年）》《"十三五"国家科技创新规划》等重要规划前后，科技人才政策数量显著增加。

（二）政策发文主体形成以科技部为主，以人社部、教育部为辅的多部门协同发布格局

随着科技人才政策的数量不断增多，其发文主体也在不断发生变化。主要有以下两个趋势：一是科技人才政策由独立主体发布转向多主体联合发布；二是政策发布主体由中共中央和国务院转向各部委，逐渐形成以科技部为主，教育部、人社部为辅的主体结构。改革开放初期，单一主体发文是最常见的发文形式，多主体联合发文较为少见。随着科技体制改革的推进和科技人才工作的不断深入，科技人才政策涉及的范围不断扩大，需要多部门的协同配合，因此多部门联合发文逐渐成为主流形式。具体地，科技人才政策涉及科技人才引进、培育、使用、激励、评价、保障等方面，科技部作为主管我国科学技术工作的部门，是科技人才政策发文最多的机构；教育部和人社部分别主管我国的教育工作和人力资源的合理流动与有效配置，也是科技人才政策发文量较高的机构。近年来，随着多主体联合发文越来越普遍，发文主体相互合作越来越频繁，这一协同发布格局也有所优化。

（三）政策适用对象以一般适用型为主

按照科技人才政策适用对象所属群体的不同，可以将其分为"一般适用型"和"特殊专用型"。前者是指适用于各类科研人员的宏观政策，如人才服务、绩效评价、分红激励、资金管理等；后者的适用范围则被局限在某一群体中，如领军人才、外籍人才和留学人员等。通过对我国科技人才政策的梳理和分析可知，一方面，目前"一般适用型"政策仍占据主体地位，说明现阶段我国科技人才政策适用于各类型的科技人才，综合程度较高。另一方面，针对自然科学、工程技术、通信工程等领域高精尖人才发布的"特殊专用型"政策有所增加，表明我国科技人才政策正逐步转向更高层次的特定群体，高端行业、高端人才成为各类政策的关注重点。整体来看，我国科技人才政策的适用对象日趋细化，并且与所处阶段的科技规划相适应，更具层次性。

（四）政策规范性基本保持稳定，指导性有所增强

政策文种是根据政策的具体特点和用途而确定的不同的文件属性，可以反映出该政策的管辖力度。一般而言，科技人才政策的文种类型分为计划类、执行类和规章类三种。计划类政策是指为实现特定时期的目标所作出的全局性、方向性的规定，如《国家中长期科学和技术发展规划纲要（2006—2020年）》《国家中长期人才发展规划纲要（2010—2020年）》和《国家中长期科技人才发展规划（2010—2020年）》等；执行类政策一般用来公布在科技人才队伍建设过程中应遵守或应周知的事项，如意见、通知等；规章类政策更加细化、具体化，如办法、细则、措施等，上述三类政策类型的规范性和政策性逐渐减弱，指导性和可操作性逐渐增强。近年来，我国科技人才政策中计划类政策占比虽然有所下降，但仍占据主体地位，同时规章类政策占比有所上升，这表明我国科技人才政策体系在保持规范性的同时，兼顾了政策的指导性和可操作性，为科技人才培育、引进、流动、激励、保障等制定了更加细致的指引，也意味着我国科技人才政策体系逐渐由宏观领域向微观领域迈进。

（五）政策着力点逐渐由供给面向环境面、需求面过渡

在创新政策领域，罗思韦尔和齐格维尔德将政策工具划分为供给型、需求型和环境型三类。其中，供给型政策是指政府通过人才培养方案、人才信息支持、人才平台建设、人才资金投入等方式扩大人才供给，推动人才事业发展，对科技人才起直接推动作用；环境型政策是指政府通过财政金融、税收优惠、法制法规等措施为人才发展提供有利环境，会对科技人才产生一定的间接影响；需求型政策是指政府通过引进各类高技能人才和海外人才，拓展高层次人才市场，促进人才市场全方位和高水平发展的举措，其对科技人才起直接拉动作用。早期，我国科技人才规模不大、质量参差不齐，科技人才政策目标是恢复人才地位、增加人才供给、释放人才活力，因此当时的政策工具以供给型为主。随着改革开放的持续扩大和科技体制改革的不断深化，我国的科技人才政策目标转向高层次人才供给，因此政府开始推动人才市场和服务，综合运用科技、财政、金融等手段保持对科研人员的外部激励。目前，我国的政策导向更加强调解决人才结构性矛盾，实现政策价值与人才个人价值、社会价值的有机统一，考虑到环境型政策和需求性政策分别在科技人才的激励保障和任用选拔方面作用显著，因此当前的政策工具以这两种类型为主，同时注重市场作用机制的发挥和创新生态系统的建设。

（六）政策要素主要集中在科技人才培养、引进、激励、评价四方面

根据《国家中长期人才发展规划纲要（2010—2020 年）》，并结合科技人才发展的内在规律，可将科技人才政策要素分为科技人才培养开发、科技人才评价发现、科技人才任用选拔、科技人才流动配置、科技人才激励保障五个主要方面，其次还有科技人才创业、科技人才环境营造等其他方面。从我国现有的科技人才政策中可以看出，"一般适用型"政策涉及的主要要素往往包括科研人员培养开发、评价、激励、保障等，甚至包括科技人才创业、创新文化环境等，覆盖范围较广；而"特殊专用型"政策主要针对人才引进、人才流动或

者特定领域的人才激励，扩散领域更加细化。进一步来看，在我国科技人才政策体系中出现次数最多的政策要素是科技人才培养（培育、选拔、分配等）、激励（物质奖励、精神奖励）、评价（业绩考核、职称评定），特别是在科技人才引进方面，为了提升基础科学和前沿技术研究综合实力，我国采取了一系列政策措施在全球范围内招揽高端人才，并力求将科技人才引进来、留得住。此外，我国围绕促进科技人才创新成果转化为现实生产力集中出台了一系列激励措施，如科技成果转化自主权、成果处置收益等，用市场的手段增强科技人才政策的发挥效力。

三、我国科研人员激励政策的要点

此部分主要分析总结了近十年科研人员激励政策的有关要点。考虑到政策适用不同对象群体，为更清晰地表示政策的目标，此部分按照不同科研人员群体来分类总结政策要点。

（一）不同单位类型科研人员激励政策的要点

1.高校和科研院所科研人员激励政策

扩大高校和科研院所收入分配自主权。2016年，中共中央办公厅、国务院办公厅印发《关于实行以增加知识价值为导向分配政策的若干意见》提出，要引导科研机构、高校履行法人责任，按照职能定位和发展方向，制定以实际贡献为评价标准的科技创新人才收入分配激励方法，突出业绩导向，建立与岗位职责目标相统一的收入分配激励机制；落实科研机构和高校在岗位设置、人员聘用、绩效工资分配和项目经费管理等方面的自主权，积极解决青年科研人员和教师收入待遇低等问题。《关于实行以增加知识价值为导向分配政策的若干意见》《关于加快直属高校高层次人才发展的指导意见》等文件还规定要加大对高校院所科研人员的激励力度，取消劳务费支出比例限制，适当提高基础性绩效工资在绩效工资中的比重，逐步提高科研人员收入水平；在保障基本工资水平正常增长的基础上，逐步提高基础性绩效工资水平，并建立绩效工资稳定增长机制；还鼓励科研人员兼职创业并在税收上给予优惠，规定科研人员获得的职务科技成果转化现金奖励、兼职或离岗创业收入不受绩效工资总量限制，不纳入总量基数。科研人员在岗、离岗创业，工资福利不受影响。

扩大高校和科研院所科技成果管理自主权。2015 年第十二届全国人民代表大会常务委员会通过修订《中华人民共和国促进科技成果转化法》，明确提出国家设立的研究开发机构、高等院校转化科技成果所获得的收入全部留归本单位，纳入单位预算，实行统一管理，处置收入不上缴国库；职务科技成果转化后，由科技成果完成单位对完成、转化该项科技成果作出重要贡献的人员给予奖励和报酬。《关于加强高等学校科技成果转移转化工作的若干意见》《关于实行以增加知识价值为导向分配政策的若干意见》及《关于进一步加大授权力度促进科技成果转化的通知》等文件进一步提出扩大授权力度，将审批权限下放至高校和院所，充分赋予国家设立的研发机构、高等院校科技成果自主管理权，同时对高校和科研院所的科研人员受益分配比例等具体内容进行了约定，明确了受益归属和分配比例。

另外，科技成果转化涉及的国有资产处置问题在较长一段时间内成为影响成果有效转移转化的重要障碍。2017 年 11 月 13 日，财政部发布的《关于〈国有资产评估项目备案管理办法〉的补充通知》在一定程度上缓解了这类政策冲突，规定"为进一步提高科技成果转化效率，简化科技成果评估备案管理，国家设立的研究开发机构、高等院校科技成果资产评估备案工作，原由财政部负责，现调整为由研究开发机构、高等院校的主管部门负责"，并要求"主管部门应自收齐备案材料日起，在 5 个工作日内完成备案手续"。2019 年新修订的《事业单位国有资产管理暂行办法》规定"国家设立的研究开发机构、高等院校将其持有的科技成果转让、许可或者作价投资给非国有全资企业的，由单位自主决定是否进行资产评估"且"通过协议定价、在技术交易市场挂牌交易、拍卖等方式确定价格。通过协议定价的，应当在本单位公示科技成果名称和拟交易价格"。

提升科研人员身份地位。《事业单位奖励规定》指出要对包括科研人员在内的表现突出、有显著成绩和贡献的事业单位人员授予荣誉称号，弘扬科研人员的先进事迹。《关于进一步弘扬科学家精神加强作风和学风建设的意见》提出高等院校要大力宣传科学家精神，高度重视"人民科学家"等功勋荣誉表彰奖励获得者的精神宣传，大力表彰科技界的民族英雄和国家脊梁，推动科学家精神进校园。要深化管理体制机制改革，改变工作思路理念，把对科研人员的"管"变为"服"，支撑科研人员建功立业。

提高经费使用的灵活性。《关于进一步完善中央财政科研项目资金管理等政策的若干意见》《关于开展解决科研经费"报销繁"有关工作的通知》及《关于优化科研管理提升科研绩效若干措施的通知》等文件规定下放科研项目预算调剂权至高等院校和科研院所，年度剩余资金可结转下一年度继续使用，合并会议费、差旅费、国际合作与交流费科目，不超过直接费用的 10% 无须提供预算测算依据。下放科研项目预算调剂权，在项目总预算不变的情况下，直接费用中的多数科研项目预算都可以由高校自主调剂，"打酱油的钱可以买醋"。科研项目实施期间，年度剩余资金可以结转下一年度继续使用。

减轻科研人员负担。《国务院关于优化科研管理提升科研绩效若干措施的通知》《国务院办公厅关于抓好赋予科研机构和人员更大自主权有关文件贯彻落实工作的通知》要求大力解决表格多、报销繁、牌子乱、检查频繁等突出问题，建立科研助理制度，减少不必要的申报材料，把科研人员从报表、报销等具体事务中解脱出来。

2. 国有企业科研人员激励政策

提升科研人员在国有企业的身份地位。《关于进一步推进中央企业创新发展的意见》要求在企业内部树立人才是第一资源的理念，中央企业加大创新型科技人才的培养、引进力度，重视高水平战略科学家、高端人才和科技领军人才，建立科研人员成长和职务晋升机制，支持科研人员在岗接受培训。

健全企业科研人员职称评定体系机制。《关于深化工程技术人才职称制度改革的指导意见》指出在国有企业要增设正高级工程师，企业可根据实际需要对工程系列相关评审专业进行动态调整，逐步将工程系列高级职称评审权下放到工程技术人才密集、技术水平高的大型企业，实现职称制度与职业资格制度有效衔接。

打通技能人才和工程技术人才发展渠道。《人力资源社会保障部关于在工程技术领域实现高技能人才与工程技术人才职业发展贯通的意见（试行）》指出要建立评价与培养使用激励相联系的工作机制，支持工程技术领域高技能人才参评工程系列专业技术职称，鼓励专业技术人才参加职业技能评价，企业在评定职称时要适当向高技能人才倾斜。

强化企业股权激励分红。《国有科技型企业股权和分红激励暂行办法》中对国有科技型企业的定义界限、可以享受股权激励人员的范围等进行了确定，降低了享受分红的门槛条件，明确了分红认定、发放的流程和责任。

（二）不同职业生涯阶段科研人员激励政策要点

处在不同职业生涯发展阶段的科研人员，面临着不同的发展障碍和需求。近年来，我国科技管理部门出台大量政策，为处于职业生涯早期的青年科研人员提供科研支持，激励处于职业生涯中后期的科学家群体开展变革性的研究，作出高质量、原创性的科研成果，从而实现更加优化的科技资源配置。

结合美国《职业早期研究法案》（美国众议院 HR.5356 号法案）相关规定和国内的相关研究成果[1][2]，课题组认为科研人员的最高学历毕业后从事科研工作 5～7 年内为职业生涯的早期阶段；当科研人员被聘为高级职称，组建了科研团队，在一定程度上可以调动资源，拥有较强的科研组织和管理能力时，进入职业生涯的上升期；科研人员成为学科或领域的领军人才、高层次人才或获得相关科技奖励，则进入职业生涯的平台期。

1. 处于职业生涯早期科研人员激励政策

职业生涯早期阶段的科研人员，处于创新创业的黄金期，但由于承担科研项目经验较少，普遍存在争取科研经费的压力。针对上述问题，我国出台了一系列政策措施加大对青年科研人员的支持力度，并完善其中的博士后群体管理制度，支持青年科研人员为后续科研事业打下坚实的基础。

加大青年科研人员培养与支持力度。2010 年，中共中央、国务院印发《国

---

① 牛萍，孟祥利，宿芬，等.青年人才资助的"科研年龄"和"职业生涯早期"标准及其启示［J］.中国科学基金，2013，27（1）：18-21.

② 周建中.我国科研人员职业生涯成长轨迹与影响因素研究［J］.科研管理，2019（10）：16.

家中长期人才发展规划纲要（2010—2020年）》，在其中设置青年英才开发计划，培养扶持青年拔尖人才，并选拔拔尖大学生进行专门培养，给予自然科学领域拔尖青年人才最高240万元的支持经费，给予哲学社会科学和文化艺术领域拔尖青年人才30万至60万元的经费支持。国家自然科学基金委员会设立了"国家杰出青年科学基金"，支持在基础研究方面取得突出成绩的青年学者自主选择研究方向开展创新研究，培养造就一批进入世界科技前沿的优秀学术带头人；并于2009年起增设"青年科学基金项目"，注重培养青年科学技术人员独立主持科研项目、进行创新研究的能力，培育基础研究后继人才；2012年起，国家自然科学基金委员会的项目机会中增设"优秀青年科学基金项目"，旨在培养一批有望进入世界科技前沿的优秀学术骨干。2015年，教育部在"长江学者奖励计划"中增设青年学者项目，旨在遴选一批在学术上崭露头角、创新能力强、发展潜力大、恪守学术道德和教师职业道德的青年学术带头人，提供每年10万元津贴作为奖励，并要求所在单位保障各类资源的配套。

进一步完善博士后管理制度。博士后研究人员作为国家有计划、有目的培养的高层次创新型青年人才，在站期间是具有流动性质的科研人员，出站后是我国重点高校、科研院所新进教学科研人员的重要组成部分。近年来，国务院办公厅和人社部等部门出台多项政策完善博士后制度、提高博士后培养质量、解决制约博士后事业发展的重大问题。2015年，国务院办公厅出台《关于改革完善博士后制度的意见》，提出改进培养方式，加大中小企业和民营中小高科技企业设立博士后科研工作站支持力度；健全培养及评价办法，以创新型科研成果作为核心的评价标准；鼓励设站单位依托国家重点科研基地或承担国家重大科技项目招收培养博士后研究人员，加大博士后国际交流计划实施力度；享受国家关于支持科技人员创新创业的激励政策，调动博士后研究人员创新创业的积极性。为落实上述意见，人社部于2016年发布《关于印发博士后创新人才支持计划的通知》，聚焦国家重大战略、战略性高新技术和基础科学前沿领域，择优遴选一批应届或新近毕业的优秀博士，专项资助其从事博士后研究工作，加速培养一批国际一流的创新型人才，每年资助200人，每人每年30万元，资助期为2年，一次性拨付设站单位，专款专用。

2. 处于职业上升期科研人员激励政策

处于职业上升期的科研人员主要面临专业技术职称评定、科研项目管理实施、科研经费使用、成果转化和兼职等方面问题。近年来，为激发骨干科研人员的创新活力，我国出台大量政策措施优化人才评价制度、赋予科研人员更大自主权、促进科研经费灵活使用、允许科研人员获得成果转化收益和兼职兼薪。

着力推进职称制度改革。职称是专业技术人才学术技术水平和专业能力的主要标志。科学评价科研人员，根据其能力贡献赋予相应的专业技术职称，是激励处于职业上升期科研人员职业发展、加强专业技术人才队伍建设的重要方式。2017 年，中共中央办公厅、国务院办公厅印发《关于深化职称制度改革的意见》，重点解决当时广泛存在的职称制度体系不健全、评价标准不够科学、评价机制不完善及管理服务不够配套等问题，提出科学分类评价专业技术人才能力素质，突出评价专业技术人才业绩水平和实际贡献，丰富职称评价方式，推进职称评审社会化和下放职称评审权限等一系列改革措施。在这一总体意见的指导下，人社部与科技部、农业农村部、工信部、中国民用航空局等部门联合出台政策措施推进自然科学研究人员、工程技术人员、农业技术人员、经济专业人员、民用航空飞行技术人员、会计人员的职称制度改革。2018 年，中共中央办公厅、国务院办公厅印发《关于深化项目评审、人才评价、机构评估改革的意见》，进一步要求高校和院所科学设立人才评价指标体系，把学科领域活跃度和影响力、重要学术组织或期刊任职、研发成果原创性、成果转化效益、科技服务满意度等作为重要评价指标，树立正确的人才评价使用导向，正确发挥评价引导作用。

赋予科研人员更大自主权。赋予科研单位和科研人员更大自主权，下放科技管理权限，对于调动科研人员积极性，激励科研人员自主选择研究方向、开展创新研究，具有十分重要的作用。近年来，党中央、国务院聚焦完善科研管理、提升科研绩效制定出台了一系列政策文件，在赋予科研单位和科研人员自主权方面效果显著，但仍存在部分政策落地不实问题。2018 年，国务院办公厅发布《关于抓好赋予科研机构和人员更大自主权有关文件贯彻落实工作的通知》，进一步强调赋予科研人员更大自主权的重要意义，提出推动预算调剂和仪器采购管理权落实到位、推动科研人员技术路线决策权落实到位、推动项目过程管理权落实到位等改革要求。

发挥科研项目资金使用的激励引导作用。承担财政科研项目是科研人员从事科研活动、获得科研经费的重要途径，项目资金中的劳务费和绩效支出管理使用起到了一定的激励引导作用。2014年，国务院发布《关于改进加强中央财政科研项目和资金管理的若干意见》，提出项目承担单位应当合规合理使用间接费用，结合一线科研人员的实际贡献公正安排绩效支出，体现科研人员价值，充分发挥绩效支出的激励作用。2016年的《关于实行以增加知识价值为导向分配政策的若干意见》中，进一步提出要根据科研项目特点完善财政资金管理，加大对科研人员的激励力度，对实验设备依赖程度低和实验材料耗费少的基础研究、软件开发和软科学研究等智力密集型项目，项目承担单位应在国家政策框架内，建立健全符合自身特点的劳务费和间接经费管理方式；对于接受企业、其他社会组织委托的横向委托项目，人员经费使用按照合同约定进行管理；对于国家社会科学基金、教育部高校哲学社会科学繁荣计划的项目资金管理办法，取消劳务费比例限制，明确劳务费开支范围，加大对项目承担单位间接成本补偿和科研人员绩效激励力度。

鼓励科研人员适度兼职兼薪。2016年的《关于实行以增加知识价值为导向分配政策的若干意见》中提出，允许科研人员从事兼职工作获得合法收入，科研机构、高校应当规定或与科研人员约定兼职的权利和义务，兼职取得的报酬原则上归个人，建立兼职获得股权及红利等收入的报告制度。2017年，人社部出台《关于支持和鼓励事业单位专业技术人员创新创业的指导意见》，提出事业单位专业技术人员在兼职单位的工作业绩可以作为其评职称、岗位竞聘、考核的重要依据；事业单位专业技术人员离岗创业期间依法继续在原单位参加社会保险，享受工资、医疗等待遇，离岗创业期间取得的业绩、成果，也可以作为其职称评审的重要依据。

3. 处于职业平台期科研人员激励政策

对于已经取得一定学术成就的科研人员，其激励政策表现为更高额度的科研经费支持、高层次的科技奖励、更高的社会地位和尊重。

完善科技奖励制度。国务院下设的国家科学技术奖，包括国家最高科学技术奖、国家自然科学奖、国家技术发明奖、国家科学技术进步奖、国际科学技术合作奖，地方政府也设立了相关的科学技术奖。上述科技奖励对于激励自主创新、激发人才活力、营造良好的创新环境具有重要意义。2017年，国务院办公厅印发《关于深化科技奖励制度改革方案的通知》，提出实行提名制、建立定标定额的评审制度、调整奖励对象要求、明细专家评审委员会和政府部门职责和增强奖励活动公开透明度、健全科技奖励诚信制度、强化奖励的荣誉性等国家科技奖励制度完善任务，并提出引导省部级科学技术奖高质量发展的要求。

海外高层次人才引进计划。2008年，中共中央办公厅转发《中央人才工作协调小组关于实施海外高层次人才引进计划的意见》，启动海外高层次人才引进计划，旨在引进一批能够突破关键技术、发展高新技术产业、带动新兴学科的战略科学家和创新创业领军人才。创新人才长期项目引进的海外高层次人才，享有"国家特聘专家"称号，可参与国家重大项目咨询论证，可作为各类政府奖励候选人，中央财政给予引进人才每人100万元一次性补助等工作条件和生活待遇。在国家层面人才引进计划的引领下，近年来地方政府不断出台省、市级人才引进计划。具有代表性的广东省"珠江计划"和深圳市"孔雀计划"均提出给予高层次创新团队高达8000万元的科研资助。

国家高层次人才特殊支持计划。2012年，中组部、人社部等11部门启动实施国家高层次人才特殊支持计划，旨在遴选10000名左右自然科学、工程技术和哲学社会科学领域的杰出人才、领军人才和青年拔尖人才，给予特殊支持。该计划强调重点人才重点支持，特殊人才特殊培养，是目前国内"含金量"较高的人才支持计划。除相关的科研支持，国家还向入选该计划的重点对象提供"重点支持经费"，用于入选者开展自主选题研究、人才培养和团队建设等，并授予入选者"国家特殊支持人才"称号。

（三）不同岗位科研人员的激励政策要点

工作在不同岗位的科研人员都对科研发挥着重要的作用，以岗位要求为基础对他们及其所属机构进行科学分类并进行评价，然后根据表现确定薪酬激发人才创新创业活力是相关政策的主基调。《中共教育部党组关于加快直属高校高层次人才发展的指导意见》指出在坚持教科融合和岗位分类管理的基础上，针对教学、科研、社会服务等不同岗位的职责要求和工作特点，完善评价指标体系，各有侧重。《关于实行以增加知识价值为导向分配政策的若干意见》提出合理调节教学人员、科研人员、实验设计与开发人员、辅助人员和专门从事科技成果转化人员等的收入分配关系。除了直接针对科研人员，对科研机构的分类评价也十分重要。《中央级科研事业单位绩效评价暂行办法》提出结合科研事业单位职责定位，将中央级科研事业单位分为基础前沿研究、公益性研究、应用技术研发等三类进行评价。

1. 基础研究岗科研人员的激励政策

减少对量的要求，着重考察原创性、开拓性和对现象、规律的认识，对其收入由国家财政予以保障。

对于基础研究类科技活动、基础研究类机构，自然科学奖注重评价新发现、新观点、新原理、新机制等标志性成果的质量、贡献和影响。《关于分类推进人才评价机制改革的指导意见》指出对主要从事基础研究的人才，着重评价其提出和解决重大科学问题的原创能力、成果的科学价值、学术水平和影响等。《关于破除科技评价中"唯论文"不良导向的若干措施（试行）》提到对论文评价实行代表作制度，代表作数量原则上不超过5篇。在申报书、任务书、年度报告等材料中，重点填报代表作对相关项目（课题）的支撑作用和相关性；在立项评审、综合绩效评价、随机抽查等环节，重点考核评价代表作的质量和应用情况。对于基础研究类机构，注重评估代表性成果水平、国际学术影响、在经济社会发展和国家重大需求中的贡献等。对论文评价实行代表作制度，每个评价周期代表作数量原则上不超过40篇。对于自然科学奖，注重对成果的原创性、公认度和科学价值等进行评审。对论文评价实行代表作制度，代表作数量原则上不超过5篇。

《"十三五"国家科技人才发展规划》指出对从事基础研究的科技人才突出中长期目标导向，推行代表作评议制，评价重点从研究成果数量转向研究质量、原创价值和实际贡献，允许科学家采用弹性工作方式从事科学研究。《国务院关于改进加强中央财政科研项目和资金管理的若干意见》提出基础、前沿类科研项目要立足原始创新，充分尊重专家意见，通过同行评议、公开择优的方式确定研究任务和承担者，激发科研人员的积极性和创造性。

《中央级科研事业单位绩效评价暂行办法》规定从事基础前沿研究的科研事业单位，绩效评价应突出研究质量、原创价值和实际贡献。

对从事基础性研究和社会公益研究的人员，适当提高基础工资收入。《关于实行以增加知识价值为导向分配政策的若干意见》提出对从事基础性研究、农业和社会公益研究等研发周期较长的人员，收入分配实行分类调节，通过优化工资结构，稳步提高基本工资收入，加大对重大科技创新成果的绩效奖励力度，建立健全后续科技成果转化收益反馈机制，使科研人员能够潜心研究。

2. 应用研究、技术开发岗科研人员的激励政策

弱化对其论文等纯学术指标的考核，以其研究是否能解决生产、生活中的具体问题为准绳，利用市场机制对其贡献定价并给予奖励。

对应用研究、技术开发类活动、项目和相关人才主要考察其研究成果是否解决实际问题。《关于分类推进人才评价机制改革的指导意见》指出对主要从事应用研究和技术开发的人才，着重评价其技术创新与集成能力、取得的自主知识产权和重大技术突破、成果转化、对产业发展的实际贡献等。《关于破除科技评价中"唯论文"不良导向的若干措施（试行）》提到注重评价新技术、新工艺、新产品、新材料、新设备，以及关键部件、实验装置／系统、应用解决方案、新诊疗方案、临床指南／规范、科学数据、科技报告、软件等标志性成果的质量、贡献和影响。对于应用研究、技术开发类项目（课题），不把论文作为申报指南、立项评审、综合绩效评价、随机抽查等的评价依据和考核指标，不得要求在申报书、任务书、年度报告等材料中填报论文发表情况。对于技术发明奖、科技进步奖，注重对成果的创新性、先进性、应用价值和经济社会效益等进行评审，不把论文作为主要的评审依据。对于技术研发类机构，注重评估在成果转化、支撑产业发展等方面的绩效，不把论文作为主要的评价依据和考核指标。

《"十三五"国家科技人才发展规划》指出对从事应用研究和技术开发的科

技人才注重市场检验和用户评价。对从事成果转化的科技人才，重在考核其技术转移能力和其科研成果对经济社会的影响。《国务院关于改进加强中央财政科研项目和资金管理的若干意见》指出市场导向类项目突出企业主体。明晰政府与市场的边界，充分发挥市场对技术研发方向、路线选择、要素价格、各类创新要素配置的导向作用，政府主要通过制定政策、营造环境，引导企业成为技术创新决策、投入、组织和成果转化的主体。

利用市场机制提升其薪酬水平。《关于实行以增加知识价值为导向分配政策的若干意见》提出对从事应用研究和技术开发的人员，主要通过市场机制和科技成果转化业绩实现激励和奖励。

3. 技术转移与成果转化岗科研人员的激励政策

重视对相关人员的激励，以收入激励来提升其素质水平和队伍建设，不把其当作可有可无的辅助人员，而是当作提升生产力的重要依托。

试点单位应建立健全职务科技成果转化收益分配机制，使科研人员收入与对成果转化的实际贡献相匹配。试点单位实施科技成果转化，包括开展技术开发、技术咨询、技术服务等活动，按规定给个人的现金奖励，应及时足额发放给对科技成果转化作出重要贡献的人员，计入当年本单位绩效工资总量，不受单位总量限制，不纳入总量基数。

充分发挥专业化技术转移机构的作用。试点单位应在不增加编制的前提下完善专业化技术转移机制建设，发挥社会化技术转移机构作用，开展信息发布、成果评价、成果对接、经纪服务、知识产权管理与运用等工作，创新技术转移管理和运营机制，加强技术经理人队伍建设，提升专业化服务能力。

《中央级科研事业单位绩效评价暂行办法》提出结合科研事业单位职责定位，将中央级科研事业单位分为基础前沿研究、公益性研究、应用技术研发等三类进行评价。从事应用技术研发的科研事业单位，绩效评价应突出成果转化、技术转移和经济社会影响等。

4. 其他岗位科研人员的激励政策

公益类项目、公益类科研机构考察其履行社会责任的效果。《关于分类推进人才评价机制改革的指导意见》对从事社会公益研究、科技管理服务和实验技术的人才，重在评价考核工作绩效，引导其提高服务水平和技术支持能力。《国务院关于改进加强中央财政科研项目和资金管理的若干意见》提出公益性科研项目聚焦重大需求，重点解决制约公益性行业发展的重大科技问题，强化需求导向和应用导向。《关于破除科技评价中"唯论文"不良导向的若干措施（试行）》提到对于社会公益性研究类机构，注重评估公益性研究成果的绩效、履行社会责任的效果，不把论文作为主要评价依据和考核指标。《中央级科研事业单位绩效评价暂行办法》规定从事公益性研究的科研事业单位，绩效评价应突出实现国家目标和履行社会责任等。

领导岗位与非领导岗位兼职区分管理。科研院所、高等院校正职和领导班子成员中属中央管理的干部，所属单位中担任法人代表的正职领导，作为科技成果主要完成人，可以按照科技成果转化法的规定获得现金奖励，原则上不得获取股权激励。其他担任领导职务的科研人员和没有领导职务的科研人员，作为科技成果主要完成人，可依法获得现金奖励或股权激励。获得股权激励的领导人员不得利用职权为所持股权的企业谋取利益。科研院所和高等院校正职领导不得到企业兼职；领导班子其他成员根据工作需要，经批准可在本单位出资的企业或参与合作举办的民办非企业单位兼职，但不得在兼职单位领取薪酬；科研院所、高等院校所属的院系所及内设机构领导人员，经批准可在企业或民办非企业单位兼职，个人按照有关规定在兼职单位获得的报酬，应当全额上缴本单位，由单位根据实际情况给予适当奖励；没有领导职务的科研人员可以兼职和兼薪。

完善适应高校教学岗位特点的内部激励机制。把教学业绩和成果作为教师职称晋升、收入分配的重要依据。对专职从事教学的人员，适当提高基础性绩效工资在绩效工资中的比重，加大对教学型名师的岗位激励力度。对高校教师开展的教学理论研究、教学方法探索、优质教学资源开发、教学手段创新等，在绩效工资分配中给予倾斜。

（**研究组**：王寅秋　苏　牧　董宝奇　施云燕　张　静）

我国科研人员激励政策落实情况

本研究通过问卷调查分析科研人员激励政策的落实情况、成效及可能存在的问题，以实际从事系统性科学和技术知识的产生和发展、传播、应用和管理活动的科技工作者为主要调查对象，并设置"近三年来，您是否从事过任何研究或开发活动？"作为其中研发人员样本的甄别题，用以控制部分针对性问题的样本。

问卷调查依托中国科协所属全国 516 个科技工作者状况调查站点进行，覆盖全国 31 个省（自治区、直辖市）和新疆生产建设兵团（港、澳、台未开展调查），有效涵盖科研院所、高等院校、国有企业、非公有制企业、医疗卫生机构等的科技工作者群体，共回收有效问卷 9229 份。调查采取随机抽样方法选取样本，在调查实施过程中严格遵循社会调查规范，保证调查的科学性、客观性和准确性，并且调查样本分布基本合理，较好地代表了全国科技工作者的整体状况。从性别来看，女性占 49.2%，男性占 50.8%；从年龄看，样本平均年龄为 35 岁，35 岁以下人员占 48.4%，35～44 岁占 34.7%，45 岁以上占 16.9%；从学历来看，博士占 17.3%，硕士占 27.2%，本科占 42.5%，大专及以下占 13.0%；从所在单位类型来看，科研院所占 17.7%，高等院校占 22.9%，国有企业占 16.3%，医疗卫生机构占 11.8%，非公有制企业占 14.9%；从职称级别来看，正高级占 8.4%，副高级占 18.9%，中级占 31.4%，初级占 15.1%，无职称占 29.8%；从地区来看，东部省份人员占 40.9%，中部占 22.1%，西部占 28.7%，东北占 8.4%。

基于问卷调查及实地调研的总体情况来看，我国初步形成了一套激励科研人员创新活力和科研热情的政策体系。精神激励以扩大科研人员自主权、提升科研人员社会地位、健全科研人员职称评价体系为主；物质激励以推进薪酬体系改革、成果转化收益奖励为主。二者相互配合，着力优化创新环境，充分激发科研人员创新创业的积极性。

一、政策整体落实情况

一是八成以上科研人员了解或听说过科研人员激励和学风建设相关政策。

在专项调查中，对 10 项主要政策（具体政策名称见图 1）听说或了解的比例基本都在八成以上，其中了解和非常了解的科研人员占比都接近或超过了 40%，最高为《关于破除科技评价中"唯论文"不良导向的若干措施（试行）》，了解和非常了解的科研人员占比达到 48.5%，知晓度最低的是《关于实行以增加知识价值为导向分配政策的若干意见》，了解和非常了解的科研人员占比也达到 39.7%，接近四成。而完全没有听说过上述政策的比例相对

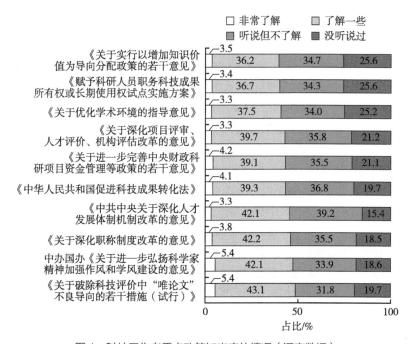

图 1　科技工作者重点政策知晓度的情况（调查数据）

较低，在上述各项政策中，科研人员反映不知晓《关于实行以增加知识价值为导向分配政策的若干意见》《赋予科研人员职务科技成果所有权或长期使用权试点实施方案》及《关于优化学术环境的指导意见》三项政策的比例相对较高，分别达到 25.6%、25.6% 和 25.2%，不知晓《关于深化项目评审、人才评价、机构评估改革的意见》及《关于进一步完善中央财政科研项目资金管理等政策的若干意见》的科研人员比例分别为 21.2% 和 21.1%，不知晓其他政策的科研人员比例更低，不知晓《中共中央关于深化人才发展体制机制改革的意见》的科研人员比例最低，仅为 15.4%。

二是超过或达到八成的科研人员反映本单位正在或已经出台相关细化措施。

近年来，为有效提升科研人员的创新活力和积极性，按照国家和地方相关文件精神，很多用人单位根据自身实际情况也都制定了相应的细化落实制度办法。

专项调查（图 2）显示，在各项具体落实激励科研人员创新活力的措施中，

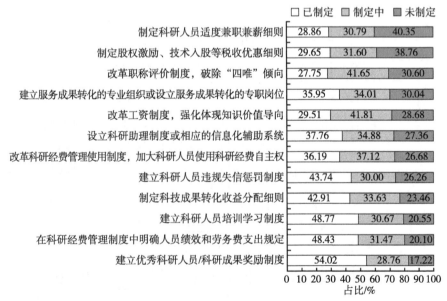

图2　科技工作者反馈激励政策制定情况（调查数据）

超过或达到八成的科研人员反映本单位正在或已经出台相关细化措施，其中认为落实情况最好的是"建立优秀科研人员/科研成果奖励制度"，有17.2%的科研人员认为所在单位没有落实这项措施。"科研经费管理制度中明确人员绩效和劳务费支出规定"等科研人员普遍认为所在单位落实或是正在落实的九项具体举措，都是仅有不到三成或三成左右的人员反映所在单位没有相关制度。落实最不理想的两项内容是"制定股权激励、技术入股等税收优惠细则"及"制定科研人员适度兼职兼薪细则"，认为所在单位没有具体落实举措的科研人员占比分别为40.4%和38.6%，达到或接近四成的水平。

二、具体政策落实情况

一是推动建立体现增加知识价值的收入分配机制。各地方相继制定实施以增加知识价值为导向的分配政策，积极发挥收入分配政策的激励导向作用，通过实施协议工资、稳定提高基本工资、加大绩效工资分配激励力度、改革考核评价机制等具体措施，正在逐渐强化科研人员收入与岗位职责、工作业绩、实际贡献之间的联系，调动科研人员开展科研工作和创新活动的积极性。山东省2018年3月印发了《关于加快实行以增加知识价值为导向分配政策的实施意见》，解决科研机构和科研人员最关心、最期待解决的问题，比如实际贡献与收入分配不完全匹配、股权激励等激励作用长期缺位、内部分配机制不健全等问题，通过发挥收入分配政策的激励导向作用，支持科研人员依法依规适度兼职兼薪和离岗创业取得收入，让智力劳动获得合理回报。陕西省2017年1月印发了《关于落实以增加知识价值为导向分配政策促进省属高校科技成果转移转化的实施意见》，将落实科技成果转化政策作为主要抓手，对高校科技成果转移转化收益自主权和收益分配，以及高校领导收益分配等进行了详细规定，并明确将横向科研合作视为科技成果转移转化活动，对其管理依据合同法和科技成果转化法来实施，对相应的人事制度改革、财政资金科研经费预算管理等也提出了配套要求。山西省成立了实施以增加知识价值为导向分配政策领导小组，2017年6月出台了《关于完善知识技术密集、高层次人才集中等事业单位收入分配激励机制的实施意见》，提出对事业单位高层次人才，可实行协议工资制、年薪制、项目工资制等灵活多样的分配办法，提出高层次人才及其所在团队承担本单位承接的财政科研项目、横向委托项目，可按规定从项目经费中领取报酬。

陕西省调研发现，有 75% 的高校通过实施年薪制、协议工资等市场化工资制度引进了大批高层次人才，超过 80% 的高校、科研院所、国企都从实际出发，优化了单位基础性绩效工资和奖励性绩效工资比例，超过 90% 的高校和科研院所完善了横向课题经费的管理和分配办法，绩效支出得以向关键岗位、业务骨干和作出突出贡献的科研人员倾斜。重庆市调研发现，57% 的科研人员认为单位的绩效考核真正实现了与个人的贡献、才能、实际工作业绩挂钩，80% 的单位对在工作岗位上作出突出贡献的科研人员有奖励，大多数单位在业绩考核、收入分配、职业晋升之间建立了真正有效挂钩的联系。南京工业大学制定了《年薪制聘用人才管理办法（试行）》，合理确定高层次人才待遇水平，妥善处理高层次人才与常规教学科研人员之间的收入分配关系，对处在关键岗位、承担重大任务、获得重大成果的各类人才，分类分级执行年薪制，其中院士实行固定年薪，其他人才实行动态年薪，有效制止了高层次人才的流失现象，并实现了扭"失"为"引"的转变。北京计算科学研究中心通过打造国际化工作环境和引入国际上的考核评价激励机制，使多劳多得、多创多得等理念得以有效落实，在激励科技人员创新创造，根据劳动成果获得名利及收益方面取得良好效果。

专项调查（图 3、图 4）显示，65% 的科研人员对工资在激励自己的创新活力方面有一定作用，其中认为作用很大和较大的人员比例为 35%。66% 的科研人员认为科研奖励对激励创新有一定作用，其中认为作用很大和较大的人员比例为 42%。

二是进一步明确科研人员主体地位。赋予科研人员自主权是体现科研人员在科技创新活动中主体地位的充分体现。国家和地方相关政策措施都要求充分尊重科研规律，赋予科研单位和科研人员更大自主权、切实减轻科研人员负担，努力营造宽松的创新环境，激发各类科研人员的活力和动力。各地方根据

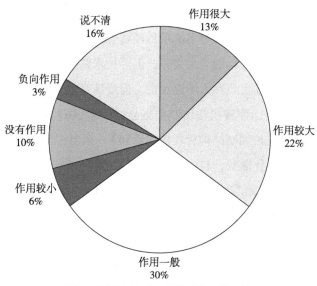

图3　科研人员对工资激励作用的反馈

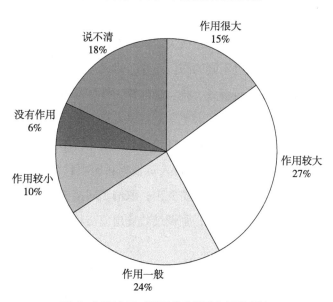

图4　科研人员对科研奖励激励作用的反馈

国家科研机构"三权"改革有关要求，充分尊重科研规律，赋予科研单位和科研人员更大自主权、切实减轻科研人员负担，努力营造宽松的创新环境，激发各类科研人员的活力和动力。重庆市科学技术局2018年10月印发的《重庆市自然科学基金项目实施办法（试行）》除了赋予科研人员和单位更大的项目实施决策自主权、赋予科研单位更多的项目经费管理使用自主权，还强调鼓励探索、宽容失败，对已履行勤勉尽责义务，但因技术路线选择失误，导致难以完成预定目标的单位和项目负责人予以免责，但要认真总结经验教训，为后续研究路径等提供借鉴。山西省机构编制委员会办公室 2017 年 7 月印发《关于下放科研机构和高等院校编制结构管理权的通知》，指出："科研机构和高等院校根据科研、教学等工作需要，自主决定本单位的编制结构，不需再报同级机构编制部门审批。"该政策着眼于将编制资源配置向人才倾斜，以进一步扩大知识密集、人才密集单位的用人自主权，进一步畅通人才引进、人才发展渠道。山东省 2016 年 12 月出台《关于完善财政科研项目资金管理政策的实施意见》，提出下放差旅费、会议费、咨询费管理权限；科研项目实施期间，年度剩余资金可以结转到下年使用等"接地气"的措施，为科研人员"松绑、减负"。陕西省接受调研的科研人员多数反映，其科研创新的主体地位基本能够得到有效体现，科研人员拥有真正的技术路线决定权，不存在研究导向限制或绑架的现象。科研财务助理制度通过不同的岗位设置，均设立了专职科研辅助岗协助科研人员开展财务报销、行政事务、科研管理等工作，基本能够满足日常科研工作和学术交流的配套服务。太原师范学院科研人员反映其学院设置的经费使用管理制度确保了科研人员科研经费合理使用，科研工作不受研发成本限制，如劳务费开支不设比例限制，项目负责人可根据科研项目任务据实对劳务费进行编制，统筹安排劳务费等项目经费支出；取消了间接经费中绩效支出比例限制，加大对科研人员的激励力度，强调绩效支出应与科研人员在项目工作中的实际贡献挂钩。

本次专项调查从"技术路线决策""科研团队组建"及"结余经费使用"等 10 项具体内容反映科研人员对目前自主权政策落实情况的反馈。专项调查（图 5）显示，科研人员认为目前"技术路线决策""科研团队组建"两项措施落实相对较好，分别有 60.6% 和 57.6% 的人员认为拥有完全自主权或是较大自主权；其次是"科研经费支配""实验仪器采购""项目预算调整""项目绩效支配""科研成果使用处置"及"劳务费支出"，落实情况相对一般，分别有

48.3%、43.8%、40.5%、42.3%、41.5% 和 41.5% 的科研人员认为拥有完全自主权或是较大自主权，最后"间接经费调整"及"结余经费使用"两项自主权落实情况相对滞后，分别有 37.4% 和 37.0% 的科研人员认为拥有完全自主权或是较大自主权。

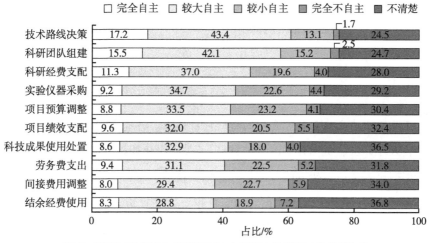

图 5　科技工作者认为各项科研自主权落实的情况（调查数据）

科研人员的时间分配情况决定了是否可以有更多的精力用在科研上，过多的行政性事务挤占科研人员工作时间会在一定程度上影响科研成果产出。具体来说，专项调查选取填写表格和申报材料时间、评价周期、预算编制、会议安排及报销等维度反映行政工作对科研工作的影响。根据专项调查（图 6）显示，相当比例的科研人员认为行政工作相比 5 年前在很大程度上减少，反映各项行政活动较多的人员比例均不超过 1/3，其中反映填报材料过多的占比最多，也仅有 33.3%；其次是认为考核频繁、周期过短和预算编制要求过严过细，占比分别为 29.4% 和 29.0%；再次是认为会议较多占用科研时间，占比为 28.3%；认为报销程序烦琐的占比最少仅有 26.0%。正因为科研人员行政活动的负担减少，可以有充分的时间和更多的精力投入科研活动中，反映了政府部门明确科研人员主体地位的政策措施落实有一定成效。

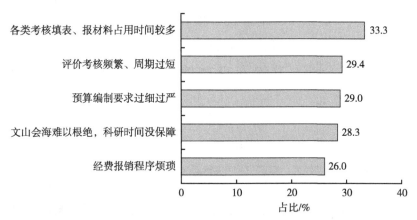

图6 科技工作者认为行政负担过重的情况（调查数据）

三是逐步建立健全科学合理的科研评价体系。各地方按照《关于深化项目评审、人才评价、机构评估改革的意见》《关于深化职称制度改革的意见》《关于分类推进人才评价机制改革的指导意见》精神，制定相关落实政策，如吉林省2019年3月印发了《关于深化项目评审、人才评价、机构评估改革的实施意见》，江苏省2019年7月印发了《关于深化项目评审、人才评价、机构评估改革的实施方案》，山东省2019年7月印发了《关于深化项目评审、人才评价、机构评估改革的实施意见》。这些文件总体上都致力于破解一些不符合科研规律和人才成长规律的问题，进一步优化科研项目评审管理机制、改进科技人才评价方式、完善科研机构评估制度，坚持"三评"改革与深化"放管服"改革相结合，发挥政府、市场、专业组织、科研单位等多元评价主体作用，营造有利于科技创新的评价制度环境，激发广大科技人员和各类创新主体的积极性、创造性。

特别是在人才评价、职称评定方面，山东省2018年1月印发《关于深化职称制度改革的实施意见》，江苏省2018年2月印发《关于深化职称制度改革的实施意见》，北京市2018年2月印发《关于深化职称制度改革的实施意见》，吉林省2018年10月印发《吉林省深化职称制度改革的实施意见》，都强调要进一步健全职称制度体系，完善职称分类评价标准，创新评价机制，改进服务方式，促进职称评审与人才培养使用结合，强调要扩大用人主体的人才评价使用自主权，要科学分类评价专业技术人才的能力、业绩和贡献，要突出考核岗位实绩和业绩贡献，推动建立科学化、规范化、社会化职称制度，为客观、科学、公正评价专业技术人才提供制度保障。山东省 2019 年 8 月印发《关于分类推进人才评价机制改革的实施意见》，重庆市 2019 年 5 月印发《重庆市分类推进人才评价机制改革的实施方案》，江苏省 2019 年 5 月印发《关于分类推进人才评价机制改革实施方案》，又进一步对人才分类评价的标准、方式、管理、服务及重点领域人才评价的实施等进行了细化规定。

实地调研中发现，不少机构已着手落实政策文件关于科研人员考核评价"破四唯"、职称评审制度改革和人才分类评价的要求，探索制定科研机构内部符合科研人员成长规律、有助于激发人才创新活力的评价考核标准。如北京计算科学研究中心引进了大量国内外高层次人才，为努力打造国际化的工作环境，引入了国际考核评价机制，对科研人员实行国际化的考核评价机制，以激励科研人员对标国际学术前沿。科研人员入职 3 年将进行科研水平和学术影响力的国内同行评议，入职 6 年接受国际同行评议，且表示推荐的国际同行专家比例超过 1/2 才能继续留任，极大地激励科研人员对标国际研究前沿、扩大国际学术影响力。吉林大学和青岛大学积极推进科研和教学人员的多元化、分类评价体系，两校均提出了不同类别、不同学科高校教师评价考核体系，为各类人才提供符合自身特点的职业发展道路。吉林大学设立了特别渠道教授、副教授岗位，长期在本科教学第一线工作的专任教师可以通过基础课程教学类、创新实践教学类和重大标志性成果类 3 个渠道进行申报，其中基础课程教学类针对承担通识教育课、公共基础必修课、学科基础必修课的教师；创新实践类针对在创新创业教育、实践教学、艺术和体育竞赛指导等方面取得突出成果的教师；重大标志性成果类针对在本科教学工作中作出突出贡献、为学校赢得重要声誉的教师。青岛大学按照人文、社科、理工、医、艺、体 6 个学科组，分类建立学术评价标准，将教师岗位类型分为教学为主型、教学科研型、科研为主型和服务社会型（产业型、临床型、创作表演型）。其中教学型岗位重点考核教师的教学工作量、教学质量和教学的学术水平，确保教学成果真正用在学生发展上；产业型岗位主要考核承担横向项目、成果转化收益，鼓励人才把"论文"写在祖国大地上。此外，青岛大学的人才评价考核突出师德导向，把立德树人作为人才评价的首要条件，实行师德"一票否决"。陕西省某国企突出强化考核评价和业绩贡献之间的联系，将科研人员考核细化为完成全年目标任务情况和突出贡献情况，围绕德、能、勤、计、廉综合设置评价指标体系，针对团队负责人还重点关注其对青年科研人员的培养使用情况。

一些人才工程也开始在评价标准上进行改革。如山东省启动于 2004 年的"泰山学者"建设系列工程，其人才遴选标准积极破除"四唯"倾向，不将人才荣誉称号、论文、奖项等作为申报的限制性条件；对基础研究类人才，探索实行论文评价代表作制度；实行院士举荐制度，驻鲁两院院士每人可在本团队或本研究领域内举荐 1 名优秀青年人才申报，不受单位申报名额限制；对引才育才成效突出的用人单位给予奖励，在申报名额上进行一定倾斜。此外，对经省卫生健康委员会认定直接参与新冠肺炎疫情防控和医疗救治一线工作的医疗卫生专家人才，符合条件的，不受单位申报名额限制，体现人才服务地方社会发展的评价新导向。

目前，各单位正处在落实国家有关"三评"制度和"破四唯"改革过程中，尽管改革尚在进行中，但专项调查（图 7）显示，科研人员对当前所在单位的职称评价制度在公平性、公正性、科学性和透明性方面总体认可度较好，认为目前制度有很好或较好的科学性的人员占比 58.9%，有很好或较好的公平性的人员占比 63.7%，有很好或较好的公正性的人员占比 66.3%，有很好或较

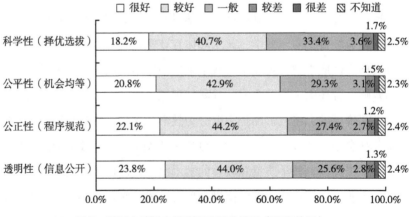

图 7　科研人员对本单位职称评价情况（调查数据）

好的透明性的人员占比 67.8%，均超过或接近了六成。认为上述 4 个维度较差或很差的人员合计分别为 5.3%、4.6%、4.0% 和 4.1%，所占比例都非常低。

四是确保科研人员享受科技成果转化收益。各地方积极探索通过市场配置资源加快科技成果转化、实现知识价值的有效方式，允许项目承担单位和科研人员通过合同约定知识产权使用权和转化收益，鼓励科研人员通过科技成果转化获得合理收入。山东省 2018 年 3 月印发了《关于加快实行以增加知识价值为导向分配政策的实施意见》，支持科研人员通过技术开发、技术转让、技术咨询、技术服务等活动获得合理报酬，实现收入增长，对科技成果完成人和为科技成果转移转化作出重要贡献人员的奖励，可直接发放给个人。重庆市修订《重庆市促进科技成果转化条例》，在地方性法规层面率先允许在不变更研究开发机构和高等院校职务科技成果权属前提下，可以将职务科技成果部分或全部给予科技成果完成人使用、转让、投资等，这些是鼓励开展职务科技成果所有权和长期使用权等改革的试点举措。山西省 2017 年 7 月印发的《山西省促进科技成果转化若干规定》，鼓励省属高等院校、科研机构与发明人或由发明人团队组成的公司之间，探索通过约定股份或出资比例方式进行知识产权奖励，对既有职务科技成果进行分割确权，以共同申请知识产权的方式分割新的职务科技成果权属。发明人可享有不低于 70% 的股权，规定省属高等院校、科研机构科技成果转化收益全部留归单位自主分配，纳入单位预算，不上缴财政。

实地调研中了解到，重庆大学通过制定《重庆大学科技成果资产评估项目备案实施细则（试行）》《专业技术人员离岗创业管理办法（试行）》、修订《促进成果转化管理办法》等系列政策积极推动科技成果转化。特别是《促进成果转化管理办法》通过完善集体决策和分级授权制度强化风险管控，通过扩大完成人收益奖励比例和将科技成果所有权让渡给完成人团队支持科研人员自主实施转化等方式充分调动成果完成人积极性，进一步促进科技成果转化。该办法率先探索以权益让渡的方式进行成果转化。具体做法是对于不涉及国防、国家安全、国家利益、重大社会公共利益的科技成果在进行作价投资时，学校可在收取一定比例资源占用费后，与完成人签署让渡协议，将科技成果所有权变更给发明人团队，由科研人员自主实施转化。河海大学在转化收入分配方面，对自行投资实施转化、向他人转让该科技成果、许可他人使用该科技成果、以该科技成果作为合作条件与他人共同实施转化的，收益的80%归成果完成人及成果转化过程中作出重要贡献的人员所有，20%归学校所有。对以科技成果作价投资，折算股份或者出资比例转化科技成果的，成果完成人及成果转化过程中作出重要贡献的人员享有作价的80%，学校享有作价的20%。学校还建立了促进科技成果转化的绩效考核评价体系，完善有利于科技成果转化的岗位聘用、晋升培养和评价激励等方面的制度。

专项调查（图8）显示接近一半（48.5%）有过科研成果转化经历的科研人员享受过成果转化的收益，并且在这部分人员中认为非常或是比较满意的比例达到了72%，其中认为非常满意的达到20%，认为比较满意的超过了一半达到52%，科研人员享受成果转化收益得到较好落实。

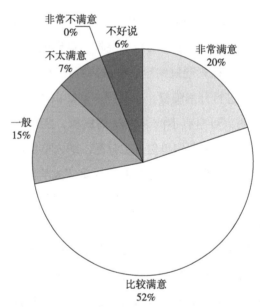

图8　科研人员对享受科研成果转化收益的满意度反馈（调查数据）

（**研究组：**施云燕　付震宇　张　静　王寅秋）

我国科研人员激励现状
及政策成效评价

一、科研人员激励现状

（一）物质激励

1. 我国科研人员薪酬水平

通过对已有制度和调查数据的分析可以看出，现阶段我国科研人员的工资薪酬与公务员和事业单位人员一致，实行月薪制度，其下设置众多的条目条款，其中基本工资比例较低，需要以其他津贴的形式进行补充。这也导致不同年龄层级、地区及不同职务科研人员的收入间存在巨大差距。但总体而言我国科研人员的薪酬现状呈现以下特点。

一是名目繁多的月薪制度。与世界主要国家科研人员普遍采用年薪制度不同，中国科研事业单位的科研人员基本仍沿用月薪制，此制度存在税收上的制约条件——中国的个人所得税是按月缴纳的。目前，中国科研人员月薪收入错综复杂，名目繁多，包括基本工资、绩效奖金、津贴补贴、成果（论文、专利、获奖等）奖励、研究经费绩效"提成"等。非稳定的收入占实际总收入的比例远高于基本工资部分，有的还有很大一部分是"灰色"收入，因此引发科研人员收入差距过大、分配秩序不规范等突出问题。如何在科研事业单位引入年薪制，使得科研人员的收入变得简约、规范、透明，已成为科研人员收入分配改革中必须解决的问题。

二是基本工资比重过低。我国当前科研人员的基本工资和国家规定的津贴补贴占到工资的 30% ～ 40%，其余 60% ～ 70% 来源多样且混乱。中国包括科研机构在内的事业单位的绩效性质的奖励和津贴补贴占总工资收入的比重大多为 30% ～ 60%。这种低保障高激励的工资结构，不仅严重削弱了岗位工资的主体作用，不能给科研人员稳定的基本收入保障，不利于形成稳定的科研环境，还刺激了众多的收入不规范行为，对公益性科研造成损害。中国科研事业单位科研人员的工资收入中，由公共财政保障的工资部分在科研人员工资总收入中占比普遍较低，而占大头的绩效工资和政策性津贴补贴经费主要依靠科研机构自行解决。中国科研人员基本工资标准过低，而以占比过高的绩效工资和各类津贴补贴来补充过低的岗位基本工资存在不科学、不稳定等问题，这也是当前中国科研事业单位薪酬制度的弊端之一。

三是项目经费约束过于严格。我国科研管理规定，禁止具有工资性收入的课题组成员获得相应的科研劳务费，劳务费比例限制严苛，经费预算受条款约束。此外，项目经费审批过程烦琐，报销耗时较长，在原有科研工作的基础上，加重了科研人员的工作负担，直接影响到科研人员的工作积极性。这也导致科研人员一方面感觉自身精力被繁重的科研经费报销所束缚，另一方面觉得自身的智力付出没有得到相应的回报，致使科研人员流失严重，同时使得项目负责人很难招聘和留住合适的优秀研究人员。

四是不同层级、群体的薪酬水平差距较大。

第一，当前我国科研人员平均工资已经在社会各阶层中位居前列（表1、表2），但青年科研人员起薪过低，甚至难以满足生活需求。

表1 2008—2018年分行业城镇非私营单位就业人员年均工资（统计数据）

（单位：元）

行　业	2008年	2009年	2010年	2011年	2012年	2013年	2014年	2015年	2016年	2017年	2018年
农、林、牧、渔业	12560	14356	16717	19469	22687	25820	28356	31947	33612	36504	36466
采矿业	34233	38038	44196	52230	56946	60138	61677	59404	60544	69500	81429
制造业	24404	26810	30916	36665	41650	46431	51369	55324	59470	64452	72088
电力、热力、燃气及水生产和供应业	38515	41869	47309	52723	58202	67085	73339	78886	83863	90348	100162
建筑业	21223	24161	27529	32103	36483	42072	45804	48886	52082	55568	60501
批发和零售业	25818	29139	33635	40654	46340	50308	55838	60328	65061	71201	80551
交通运输、仓储和邮政业	32041	35315	40466	47078	53391	57993	63416	68822	73650	80225	88508
住宿和餐饮业	19321	20860	23382	27486	31267	34044	37264	40806	43382	45751	48260
信息传输、软件和信息技术服务业	54906	58154	64436	70918	80510	90915	100845	112042	122478	133150	147678
金融业	53897	60398	70146	81109	89743	99653	108273	114777	117418	122851	129837
房地产业	30118	32242	35870	42837	46764	51048	55568	60244	65497	69277	75281
租赁和商务服务业	32915	35494	39566	46976	53162	62538	67131	72489	76782	81393	85147
科学研究和技术服务业	45512	50143	56376	64252	69254	76602	82259	89410	96638	107815	123343
水利、环境和公共设施管理业	21103	23159	25544	28868	32343	36123	39198	43528	47750	52229	56670
居民服务、修理和其他服务业	22858	25172	28206	33169	35135	38429	41882	44802	47577	50552	55343
教育业	29831	34543	38968	43194	47734	51950	56580	66592	74498	83412	92383
卫生和社会工作业	32185	35662	40232	46206	52564	57979	63267	71624	80026	89648	98118
文化、体育和娱乐业	34158	37755	41428	47878	53558	59336	64375	72764	79875	87803	98621
公共管理、社会保障和社会组织业	32296	35326	38242	42062	46074	49259	53110	62323	70959	80372	87932

表2 高校和科研机构不同行业年收入分析（调查数据）

（单位：元）

行业分类	下四分位数	中位数	上四分位数	均值
采矿业	44000	76000	121000	110282.9
制造业	60000	84000	123000	108345.2
电力、热力、燃气及水生产和供应业	52400	74000	130000	111738.0
建筑业	72000	98000	144000	120206.7
交通运输、仓储和邮政业	68000	89502	130000	112571.9
信息传输、软件和信息技术服务业	53000	86000	132500	112103.2
金融业	40000	60500	109000	118380.3
水利、环境和公共设施管理业	61494	93000	122500	104391.4
科学研究和技术服务业	63200	98000	152000	123640.2
教育业	62000	92000	128000	109065.9
卫生和社会工作业	60000	91000	138000	112451.4
农、林、牧、渔业	54000	78000	120000	96305.6
其他	48000	70000	108000	88577.2
不知道	36000	60100	95000	80114.9

注：表2的数据来自科研人员问卷调查，问卷询问科研人员所在行业大类。为保证科研人员准确选择所在行业类型，对不清楚自己从事工作所属行业的人员设置了"不知道"选项。因此，表2最后一行为选填行业类型"不知道"的人员年收入水平。

根据《中国人口与就业统计年鉴（2019）》的数据，我国城镇非私营单位科学研究和技术服务业人员 2018 年的年平均工资为 12.33 万元，在 19 个细化行业分配中排在第三位（图 1），仅次于信息传输、软件和信息技术服务业和金融业人员工资水平，说明我国科研人员收入相对较高，属于高收入群体。但科研人员工资水平感知调查结果显示，科研人员均认为自己属于低收入群体，这种感知在青年科研人员群体中尤为强烈。

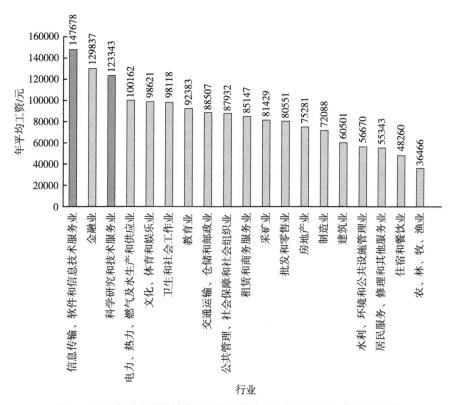

图 1　2018 年分行业城镇非私营单位就业人员年平均工资（统计数据）

通过对我国众多高校和科研院所的调查数据可以看出（表 3、图 2），不同年龄层之间的年收入水平存在较大差异。年龄在 35 岁以下的青年科研人员的年收入平均水平为 9.4 万元，中位数水平为 7.4 万元，较低水平仅有 4.9 万元，最高能达到 11.6 万元。而 35 岁以上的科研人员，不同年龄层之间年收入水平变动较小，平均年收入超过 12 万元，中位数收入为 9.8 万元，最低为 6.6 万元，最高可超过 14 万元，与青年科研人员相比，平均年收入高近 3 万元，超过青年科研人员年收入的 30%。此外，青年科研人员在单位获取的月工资平均为 5752.6 元，与 45 岁及以上科研人员的最低水平（5000 元）相近，与 35 ～ 44 岁科研人员平均收入水平（7569.4 元）相差较大。而青年科研人员收入较低的最主要原因是，其收入主要依靠单位提供的基本工资，科研奖励和税后收入相较于其他年龄层科研人员低，且不同机构间差别较大。通过调查数据可以看出，青年科研人员的科研奖励的最低收入仅为 8 元，最高却能达到 3 万元，整体平均水平在 2.5 万元左右，相较 35 ～ 44 岁科研人员的科研奖励的平均水平（3 万元左右）相差不大，但额外的科研奖励等税后收入在不同年龄层的科研人员间差距均比较明显。且不同年龄层均反映出其主要收入还是依靠单位获取，80% 以上的科研人员没有兼职收入，即使有兼职收入，其占比也均在 30% 以下，大部分不足 10%。此外，青年科研人员相较于 35 岁以上科研人员面临更大的生活压力，致使其收入显得捉襟见肘。

表 3   高校和科研机构不同年龄层年收入分析（调查数据）

（单位：元）

收入类别	年龄组	下四分位数	中位数	上四分位数	均值	样本比例
年收入	35 岁以下	49000	74000	116000	93576.8	48.4%
	35 ～ 44 岁	66000	98000	142000	121734.4	34.8%
	45 岁及以上	66000	98000	144000	125132.2	16.8%
从单位获取的月工资	35 岁以下	3200	5000	7000	5752.6	48.4%
	35 ～ 44 岁	4500	6000	9000	7569.4	34.7%
	45 岁及以上	5000	6000	9000	7625.1	16.9%
科研奖励等税后收入	35 岁以下	8	8000	30000	25031.3	48.4%
	35 ～ 44 岁	1000	10000	40000	31758.1	34.8%
	45 岁及以上	1900	10000	40000	34010.5	16.9%

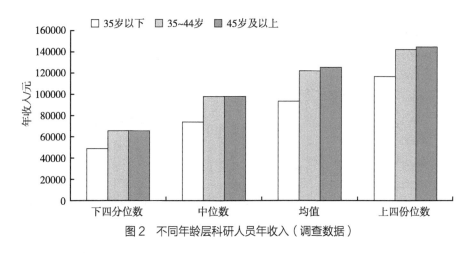

图2　不同年龄层科研人员年收入（调查数据）

第二，我国不同地区间的科研人员收入水平差异较大，艰苦偏远地区一线科研人员收入过低。

根据《中国人口与就业统计年鉴（2019）》数据，结合不同地区城镇非私营单位和城镇私营单位科研人员工资水平统计数据对比，城镇非私营单位相较私营单位科研人员年平均工资水平更高。城镇非私营单位科研人员年平均工资水平最高的地区为上海，约为19万元，最低地区为吉林，约为7.57万元（图3）；而城镇私营单位科研人员年平均工资水平最高的地区为北京，为8.67万元，最低地区为山西，仅为3.86万元（图4），说明不仅非私营单位与私营单位间工资水平存在差距，且不同地区间收入水平差距同样明显。

通过表4调查数据和表5统计数据看出，我国不同地域科研人员间的薪酬差距较大，其中东部地区的科研人员收入水平最高，且非私营单位明显高于私营单位，年均收入在13万元左右。中部和西部地区科研人员收入水平相近，相差无几，年均收入在10万元左右，而东北地区科研人员收入最低，年均收入仅在8万元左右，东部地区收入是东北地区的1.5倍左右，中西部地区也高出东北地区近25%。且东部地区无论是工资总额、基础工资，还是科研奖励收入，均明显高于中部、西部和东北地区。而基本工资在中部地区和西部地区间基本无差别，且与东北地区的差距也较小，但就科研奖励部分而言，东北地区明显偏低，导致最终东北地区科研人员收入水平整体偏低。

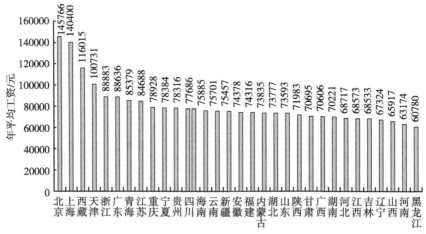

图3　2018年分地区城镇非私营单位科研人员年平均工资（统计数据）

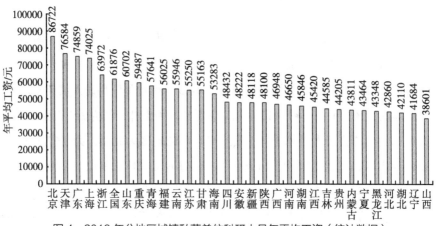

图4　2018年分地区城镇私营单位科研人员年平均工资（统计数据）

表4　高校和科研机构不同区域年收入分析（调查数据）

（单位：元）

收入类别	区域	下四分位数	中位数	上四分位数	均值	样本比例
年收入	东部	67000	104000	153600	127339.7	40.9%
	中部	57600	84000	120001	102371.5	22.0%
	西部	53000	77000	116000	95110.2	28.7%
	东北	48000	68000	98000	80577.3	8.4%

续表

收入类别	区域	下四分位数	中位数	上四分位数	均值	样本比例
从单位获取的月工资	东部	5000	6600	10000	7901.5	40.9%
	中部	4000	5000	7000	6035.4	22.0%
	西部	3500	5000	7000	5930.2	28.7%
	东北	3300	5000	6000	5209.7	8.4%
科研奖励等税后收入	东部	200	10000	50000	33160.6	40.9%
	中部	1800	10000	40000	30617.0	22.0%
	西部	1000	10000	30000	24579.3	28.7%
	东北	0	4000	20000	18135.6	8.4%

表5 2018年不同区域科研人员平均工资（统计数据）

（单位：元）

区域	科学研究和技术服务业		信息传输、软件和信息技术服务业	
	非私营单位	私营单位	非私营单位	私营单位
东部	130330.3	64428.2	147093.9	81307.0
中部	88636.8	44474.8	88695.5	47027.0
西部	98769.8	45830.1	102783.3	45260.3
东北	81752.0	43205.7	82088.3	41394.7

此外，东部地区不同层级科研人员工资水平差距最大（图5），其上四分位数约为15.4万元，与均值相差近3万元；中位数约为10.4万元，相差5万元以上；下四分位数约为6.7万元，相差约10万元。而中部地区、西部地区和东北地区三地的上四分位数、均值、中位数和下四分位数各层级之间差距几近相似，均在2万元左右。

第三，我国科研人员的薪酬水平、评价考核、职业发展与岗位职责、任务和业绩结合得不紧密。

通过表6和图6的调查数据可知，不同职称的科研人员之间收入水平存在

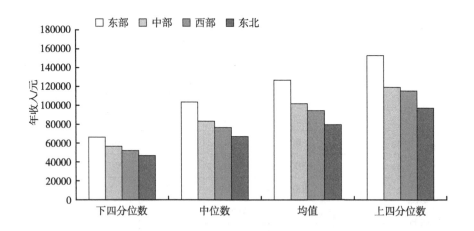

图5 不同区域科研人员年收入（调查数据）

表6 高校和科研机构不同职称结构年收入分析（调查数据）

（单位：元）

收入类别	职称	下四分位数	中位数	上四分位数	均值	样本比例
年收入	无职称	41000	65000	103000	83602.3	29.8%
	初级	51000	72000	106000	89206.9	15.1%
	中级	65000	93012	130000	110946.6	31.4%
	副高级	82000	116000	159000	137517.6	18.9%
	正高级	110000	156000	242000	197907.9	4.8%
从单位获取的月工资	无职称	3000	4200	6000	5115.4	29.8%
	初级	3500	5000	6000	5439.1	15.1%
	中级	4500	6000	8000	6953.3	31.4%
	副高级	5000	7000	10000	8462.5	18.9%
	正高级	7000	10000	14000	11889.2	4.8%
科研奖励等税后收入	无职称	0	5000	30000	22696.2	29.8%
	初级	600	9000	30000	23938.1	15.1%
	中级	1000	10000	40000	28251.0	31.4%
	副高级	2000	15000	46500	36023.5	18.9%
	正高级	8000	30000	80000	58964.1	4.8%

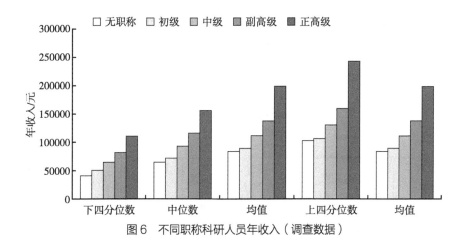

图6 不同职称科研人员年收入（调查数据）

着巨大差距，具有正高级职称的科研人员收入水平最高，平均年收入近20万元，即使处于下四分位的人员年收入也在11万元以上。而具有副高级职称的科研人员的上四分位年收入才能达到15万元，平均年收入为13.75万元，较正高级职称的平均年收入少了25%左右。此外，具有中级职称的科研人员平均年收入为11万元，收入相较副高级职称有所减少，但降低幅度较正高级职称与副高级职称间的差距有所减少。无职称和具有初级职称的科研人员收入水平相近，年均收入为8万至9万元之间。可见，只有晋升为中级职称，科研人员的收入才能有明显增长。同样，在单位基本工资水平方面，差距与总体收入差距类似，从正高级职称至初级职称依次递减。在科研奖励方面，正高级职称具有明显优势，年均税后收入是中级以下职称科研奖励收入的两倍以上，且超过副高级职称科研奖励收入的60%以上，而中级以下职称的科研人员之间科研奖励收入相差无几。

此外，通过表7和图7的调查数据下不同行政职务科研人员的收入差距可知，不同行政职务下科研人员的工资差距较大，但平均年收入均在10万元以上，高层管理人员平均年收入能达到17万元，中层管理人员平均年收入在14万元左右，高层管理人员超出中层管理人员20%左右，而一般管理人员和无行政职务人员间相差无几。各级行政职务人员从单位获取的月工资存在一定差距，但差距不大且层级间差距相近。科研奖励等税后收入则差距较大，高层管理人员的科研奖励等税后年收入均值在 6 万元以上，中层管理人员为 4 万元左右，一般管理人员和无行政职务人员不到 3 万元，这种差距最终导致不同权责职务关系下科研人员的主要收入差距。

表7 高校和科研机构不同职称结构年收入分析

（单位：元）

收入类别	行政职务	下四分位数	中位数	上四分位数	均值	样本比例
年收入	无行政职务	55000	84000	122000	102834.8	65.6%
	一般管理人员	60000	85000	126000	106407	22.5%
	中层管理人员（部门领导）	72007	116000	170000	141387.5	10.6%
	高层管理人员（单位领导）	80000	118000	204000	178008.5	1.3%
从单位获取的月工资	无行政职务	3800	5000	8000	6398.2	65.6%
	一般管理人员	4000	5300	8000	6546.9	22.5%
	中层管理人员（部门领导）	5000	7000	10000	8444.5	10.6%
	高层管理人员（单位领导）	5000	7000	10000	10337.8	1.3%
科研奖励等税后收入	无行政职务	500	10000	30000	26428.0	65.6%
	一般管理人员	1000	10000	40000	28985.8	22.5%
	中层管理人员（部门领导）	2000	15000	50000	40126.7	10.6%
	高层管理人员（单位领导）	3000	20000	80000	60039.1	1.3%

综上可以看出，我国科研人员现有的工资薪酬制度以月薪制度为基础，辅之适当比例的补贴收入，在具体的实行过程中因制度规范的刻板化，对科研人员的激励性较差。为通过物质激励充分激发科研人员的创新活力，人社部于 2020 年 8 月 27 日组织实施了人才服务专项行动，鼓励事业单位转变原有针对高层次人才的基础月薪制度，改为实行年薪制，注重对人才的培养、评价、激励、

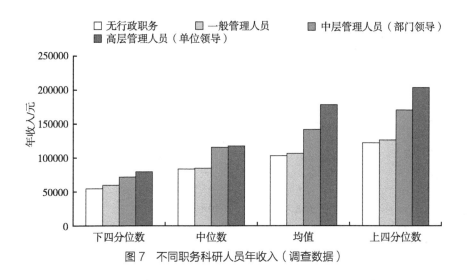

图 7　不同职务科研人员年收入（调查数据）

流动和使用，打通人才优势向创新优势、产业优势、发展优势转化的通道，推动人才与经济社会深度融合发展。具体细节体现在以下三方面。第一，提出技能中国行动。通过完善技能人才工资分配，加强技能人才表彰奖励。第二，实行高端人才引领行动。充分发挥政府津贴制度对高层次和高技能人才的队伍建设的引领作用，面向重点领域和战略性新兴产业，给予充分的资金支持，体现为以奖代补的形式。第三，推行人才活力激发行动。鼓励推动企业实施技能人才的自主评价体系完善；落实高层次人才工资分配激励政策，鼓励事业单位对高层次人才实行年薪制、协议工资制、醒目工资等灵活多样的分配形式；制定事业单位科研人员职务科技成果转化管理制度，将现金奖励计入当年单位绩效工资总量，但不受总量限制，不纳入总量基数；鼓励企业对关键核心人才实施股权激励和分红股权激励等中长期激励措施，发布技能人才薪酬分配指引；鼓励科研人员兼职创新、离岗创业，高层次人才不受岗位总量、最高等级、结构比例等限制。

2. 科技成果转化

一是绝大部分科研人员并未参与成果转化，但参与成果转化的科研人员有近一半从中获益。只有 13.2% 的科研人员反馈过去 3 年有科研成果转化为产品或者应用于生产。但通过调查可以发现一个明显的趋势，即年龄越大、工作年限越长、职称越高、学历越高的科研人员，过去 3 年参与成果转化活动的比例越大（图8）。过去3年有过成果转化经历的科研人员有48.9%的人反映自己从中获益（图9）。

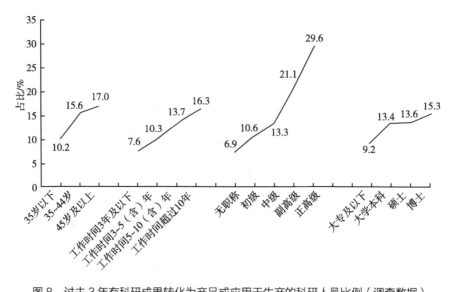

图8　过去3年有科研成果转化为产品或应用于生产的科研人员比例（调查数据）

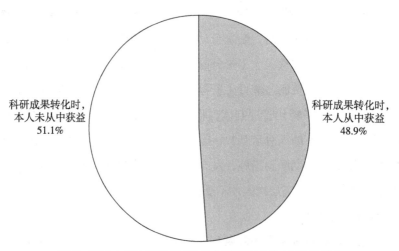

图9　科研人员从科研成果转化中获益的比例（调查数据）

二是奖金是科研人员通过成果转化获得收益的主要形式，大部分获得收益的科研人员对收益表示满意。根据专项调查显示，科研人员自己的科研成果被转化为产品或应用于生产并获得收益时，有70.7%的人是通过奖金获得收益，以技术入股获得收益的占19.3%，通过出售专利或技术获得收益的有17.3%，以其他形式获得收益的只有7.4%（图10）。同时，调查中发现，工作年限越短，通过技术入股和期权获得收益的概率越高，获得奖金的概率就越低。

成果转化中获益的科研人员有19.9%对自己获得的收益非常满意，有高达52.3%的人比较满意，不太满意和非常不满意的只占7.2%和0.3%。

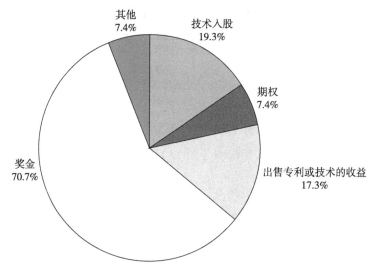

图 10　科研人员从科研成果转化中获益的方式（调查数据）

三是科研人员普遍反映科研成果与市场需求脱节是阻碍科技成果转化最主要的障碍。有52.2%的科研人员认为科研成果与市场需求脱节是科研成果转化的最大障碍，与此相对应，有20.5%的科研人员也认为目前的科研评价导向不利于成果转化，这二者紧密相关。除此之外，企业需求不足（21.5%），供需双方信息沟通不畅（20.0%）也是科研人员比较担忧的影响科研成果转化的障碍（图11）。

3. 优秀成果奖励

总体来看，科研人员对单位科研成果奖励制度持认可态度。调查中，有14.5%的科研人员认为本单位的成果奖励制度对科研工作有很大激励作用，认

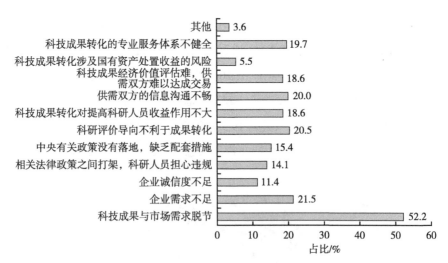

图 11　科研成果转化的障碍（调查数据）

为作用较大的占 27.4%，只有 9.5% 的人认为科研成果奖励制度对科研激励作用较小，认为没有作用的只有 6.4%（图 12）。

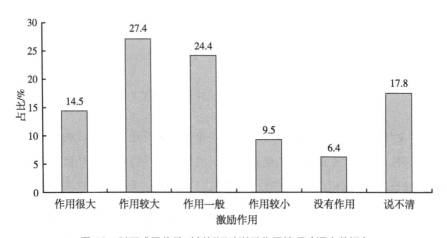

图 12　科研成果奖励对创新活动激励作用情况（调查数据）

行政级别较高的科研人员对成果奖励制度满意度也较高，高层管理人员认为成果奖励制度对科研工作激励作用很大的有 19.3%，认为作用较大的有 36.1%，明显高于级别较低的和无行政职务的科研人员。学历越高的科研人员对成果奖励制度满意度越高，认为单位成果奖励对开展科研活动激励作用很大或者较大的人越多（图13）。从事基础研究的科研人员认为单位成果奖励对开展科研活动激励作用很大或者较大的人数比例为48.8%，高于应用研究（43.3%）和试验发展（42.2%）。

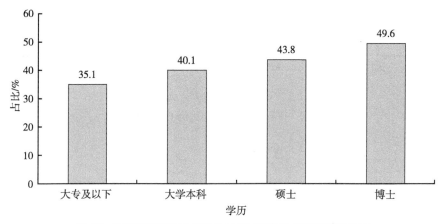

图13 不同学历科研人员认为单位成果奖励制度对科研工作激励作用很大或较大的比例（调查数据）

4. 兼职兼薪

仅有少数科研人员存在兼职兼薪行为。本次专项调查结果显示，仅有6.1%的科研人员明确表示自己有本单位之外的兼职，还有10.0%的人表示不想说。同时，调查发现，行政职级越高，科研人员有兼职兼薪行为的概率越高（图14）。

在为数不多的有兼职的科研人员中，有61.1%的科研人员兼职收入占总收入不到10%，兼职收入超过本职收入的只有5.7%（图15）。其中在单位中任高层管理人员的科研人员兼职收入超过去年年收入50%的达到16.7%，而无行政职务、初级和中级行政职务的科研人员该比例只有5.7%、5.1%、4.7%。

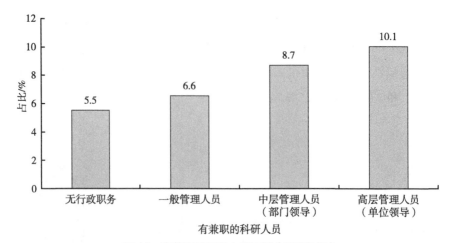

图 14　有兼职的科研人员比例（调查数据）

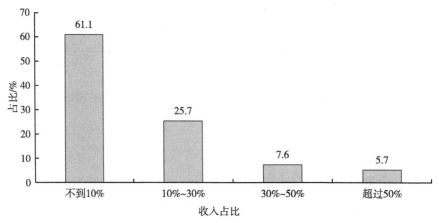

图 15　兼职收入占总收入不同比重的科研人员比例（调查数据）

（二）非物质激励

1. 职称评审

一是近两成科研人员认为自己职业发展通道不畅，职称职务与业绩贡献不匹配。在本次专项调查（图16）中，科研人员对自己职业发展状况的平均评分为6.3分，其中处于职业生涯早期的科研人员评分相对较低。35岁以下科研人员对职业发展状况的评分为6.1分，较45岁以上人员（6.7分）低0.6分；无职称的人员评分为6.1分，初级和中级职称人员略高，正高级职称人员评分为

7.2 分；无行政职务和一般管理人员的评分分别为 6.2 分和 6.3 分，而单位高层管理人员的评分为 7.6 分。

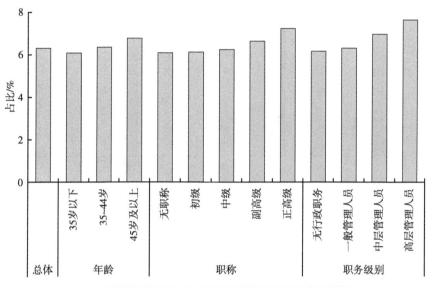

图 16　不同类型科研人员对职业发展状况的评分（调查数据）

19.2% 的科研人员认为自己的职业发展通道不畅（图 17），18.9% 认为自己的职称职务低于科研业绩贡献（图 18）。在不同的机构类型中，科研院所的该问题更为突出。专项调查中发现，科研院所人员的专业技术职称从初级升中级平均需要 4.2 年，中级升副高级平均为 6.2 年，副高级升正高级平均为 7.3 年，所需时间长度均超过高校。并且科研院所中，24.8% 的人员认为自己职业发展通道不畅，分别较国有企业和高校人员高 2.0 个百分点和 5.9 个百分点；23.4% 的人员认为自己的职称职务低于科研业绩贡献，分别较国有企业和高校人员高 4.0 个百分点和 5.1 个百分点。地方科研院所科研人员持上述观点的比例更高，25.2% 的地方科研院所人员表示自己职业发展通道不畅，较国家级科研院所的相应比例（23.6%）高 1.6 个百分点，明显高于"985"高校（19.4%）、"211"高校（13.5%）和普通高校（19.8%）；24.5% 的地方科研院所人员认为自己的职称职务低于科研业绩贡献，较国家级科研院所相应比例（22.5%）低 2.0 个百分点，也明显高于"985"高校（16.3%）和"211"高校（17.8%）。

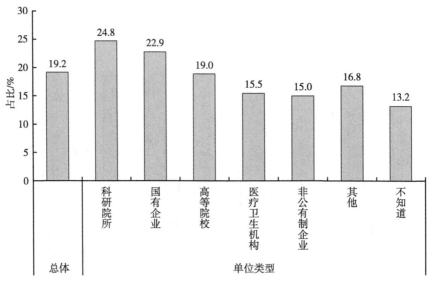

图 17　不同单位类型科研人员认为自己职业发展通道不畅的比例（调查数据）

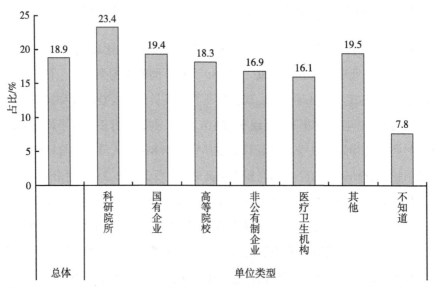

图 18　不同单位类型科研人员认为自己职称职务低于科研业绩贡献的比例（调查数据）

二是科研人员对职称评价制度的公正性、透明性评价较高，对科学性评价

较低。专项调查结果显示，分别有 66.7% 和 67.8% 的科研人员表示评审制度
的公正性（程序规范）和透明性（信息公开）较高，63.7% 表示评审制度的公
平性（机会均等）较高，仅有 58.9% 认为评审制度的科学性（择优选拔）较
好。此外，75.8% 的科研人员认为影响其职称评审和职级晋升的主要原因仍是
论文、专著、专利和科研项目的数量，42.0% 认为是工作年限和资历，认为主
要原因是"工作业绩和贡献"（38.0%）、"代表作等科研成果的质量和影响力"
（33.2%）和"在国内外学术界的学术任职和影响力"（2.0%）的人员比例则相
对较低（图 19）。

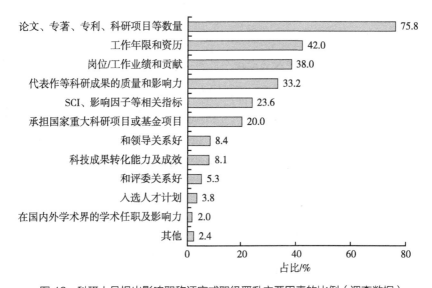

图 19　科研人员提出影响职称评审或职级晋升主要因素的比例（调查数据）

三是分类评价改革实施难度较大。本次专项调查结果显示，表示单位有职
称评审制度并且单位已实施分类评价或正在着手研究分类评价方案的科研人员
占比为 46.9%。41.3% 的科研人员表示职称分类评价的难点在于"评价标准难
以把握、操作困难"，27.0% 表示分类评价"涉及多部门的协调、难以推进"，
认为"新兴或交叉学科的小同行评价困难"（24.9%）、"人员规模较小，细分
评价不现实"（24.6%）的人员占比也相对较高（图 20）。

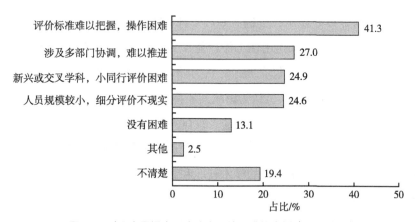

图 20　科研人员提出职称分类评价困难的比例（调查数据）

2. 人才计划

一是人才计划有效提升入选者综合能力，有力推动单位人才培养。本次专项调查（图 21、图 22）中，6.8% 的科研人员入选过国家或地方的人才计划项目。69.1% 的入选计划人才表示人才计划全面提升了自己的综合能力，42.0% 表示有效提高了科研产出的数量和质量，34.1% 表示提升了自己在领域内的影响力，分别有 30.3% 和 28.1% 的入选人才表示获得了更好的工作条件和更多的

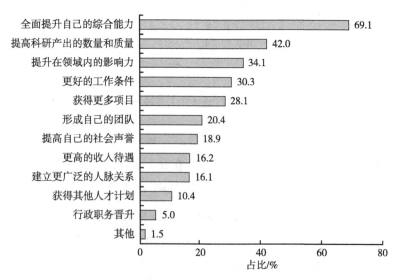

图 21　入选计划人才自评人才计划的积极影响（调查数据）

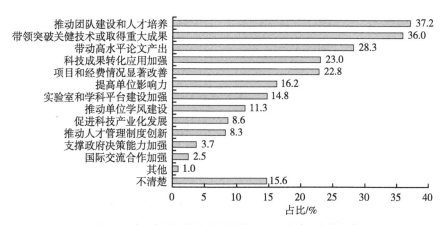

图 22 科研人员评价人才计划的积极影响（调查数据）

项目。另外，有超过或接近 1/3 的科研人员认为人才计划获得者能够有效推动所在单位的发展，包括推动团队建设和人才培养（37.2%）、带领突破关键技术和取得重大成果（36.0%）及带动高水平论文产出（28.3%）等。

二是接近或超过三成的科研人员认为人才计划在一定程度上引发了学风浮躁等负面问题。专项调查（图 23）显示，41.6% 的科研人员认为目前的各类人才项目和人才计划导致资源过度集中于部分科研人员；33.1% 认为目前的各类人才项目和人才计划导致科研人员无法潜心科研；32.2% 认为引发了科研人员的非良性流动，加剧了地区科研人员的分布不均衡；30.9% 认为破坏了公平有

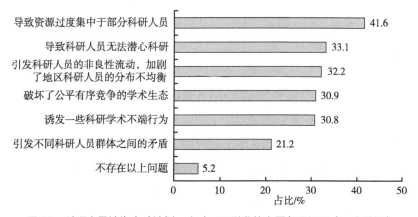

图 23 科研人员认为人才计划、人才工程引发的主要负面问题（调查数据）

序竞争的学术生态；30.8% 认为诱发了一些科研学术不端行为；21.2% 认为引发了不同科研群体之间的矛盾。

3. 社会地位

一是超过七成的科研人员认为社会公众对科研人员群体的尊重和信任程度较高。专项调查（图 24）显示，24.6% 的科研人员认为社会公众对科研人员非常尊重，51.4% 认为对科研人员基本尊重，仅分别有 4.1% 和 1.5% 的科研人员认为社会公众对科研人员不太尊重或根本不尊重；18.4% 的科研人员认为社会公众对科研人员完全信任，55.2% 认为对科研人员基本信任，仅分别有 4.1% 和 0.8% 认为社会公众对科研人员不太信任或完全不信任。

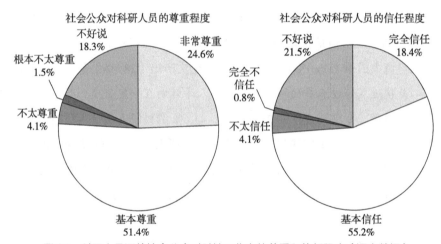

图 24　科研人员评价社会公众对科技工作者的尊重和信任程度（调查数据）

二是近五成的科研人员认为自己的社会地位在当地属于中下层或下层。本次专项调查（图 25）中，46.9% 的科研人员认为自己的社会地位在当地属于中下层或下层，其中 30.2% 认为属于中下层，14.3% 认为属于下层。在不同类型的科研人员中，在企业工作和从事工程应用、研究辅助类工作的科研人员，自评社会地位不高的比例相对较高。国有企业和非公有制企业的科研人员中，分别有 58.4% 和 54.1% 认为自己的社会地位在当地属于中下层或下层，该比例较科研院所和高校的相应比例高 10～20 个百分点；57.9% 的从事生产运行、工程应用工作的科研人员认为自己的社会地位在当地属于中下层或下层，54.8%的研究辅助或技术辅助科研人员认为自己社会地位为中下层或下层，该比例较从事基础研究、应用研究和教学工作的科研人员高10个百分点。

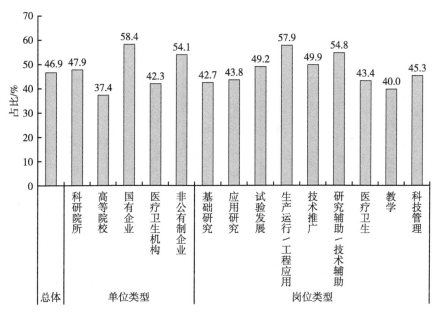

图25　不同类型科研人员自评社会地位为当地中下层或下层的比例（调查数据）

（三）学术生态

1. 决策参与

一是半数科研人员认为参与科技决策咨询渠道畅通。本次专项调查（图26）中，12.4%的科研人员认为自己目前反映科技界问题情况、参与科技决策咨询渠道非常畅通，38.1%认为渠道比较畅通，仅分别有9.9%和6.5%的人员认为渠道不太畅通和很缺乏。这一方面在一定程度上反映科技决策咨询渠道比较畅通，另一方面反映出部分科研人员反映科技界情况缺乏积极性。在调查中，高职称级别、高学历的科研人员反映科技决策咨询渠道不畅通的比例相对更高。分别有27.8%的正高级职称科研人员和26.8%的博士研究生学历人员表示目前的科技咨询渠道不太畅通或很缺乏，该比例较科研人员的整体水平高约 10 个百分点。

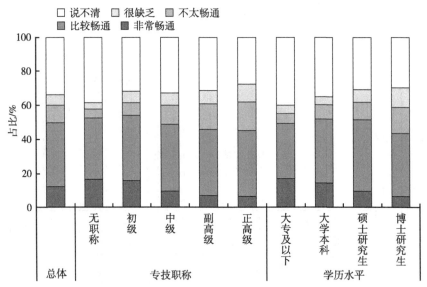

图 26　不同职称和学历科研人员反映参与科技决策咨询渠道不同畅通程度的比例
（调查数据）

二是超过 1/3 的科研人员认为科学家在重大科技决策中的参与程度不充分。中国科协学风建设调查结果（图 27）表明，34.3% 的科研人员认为科学家团体在重大科技决策中参与程度不充分的情况非常普遍或比较普遍，28.6% 认为该情况不太普遍，仅 15.7% 的科研人员认为该情况几乎不存在。职级较高、学历较高的科研人员反映该问题的比例更高。39.1% 的正高级职称科研人员和 40.0% 的博士研究生学历人员认为科学家参与重大科技决策不充分问题非常普遍或比较普遍，较科研人员整体平均水平高约 5 个百分点。

2. 学术环境

一是接近一半的科研人员对于目前的学术环境现状较为认可，超过五成科研人员认为较 5 年前学术生态环境有较好变化。学术环境"直接影响着科学研究工作的进展及它的水平和成果质量，可以反映一个国家或地区科研体制和运行机制

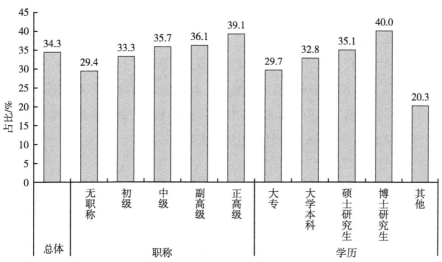

图27 科研人员认为科学家团体在重大科技决策中参与程度
不充分的情况非常普遍或比较普遍的比例（调查数据）

中的深层次问题"。构建和谐的学术环境是推进自主创新的重要条件和基础。良好的学术环境是培养优秀科技人才、激发科研人员创新活力的重要基础。

专项调查（图28）显示，科研人员对目前学术生态环境整体评价中，有71%的科研人员对学术生态持认可态度，其中有13%的科研人员认为很好，

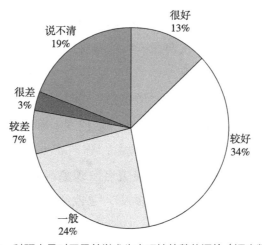

图28 科研人员对于目前学术生态环境的整体评价（调查数据）

34% 的科研人员认为较好，有 10% 的科研人员认为较差或是很差，并且认为很差的人员仅有 3%。

我国学术环境不断改善，为推动产出重大创新成果，促进经济社会发展发挥了积极作用。专项调查（图 29）显示，有 56% 的科研人员认为相比 5 年前学术环境得到好转，认为没有变化的科研人员有 12%，并且认为学术环境有所恶化和明显恶化的科研人员合计仅占所有人员的 6%。

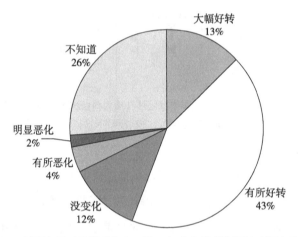

图 29　科研人员对于学术生态环境 5 年变化情况的评价（调查数据）

二是接近一半的科研人员认为各类型学术不端事件在一定程度上存在。论文抄袭、成果剽窃、数据捏造等学术不端行为的不断发生，反映了我国学术界的道德滑坡和浮躁心态。本次调查从学术不端行为发生的情况普遍性来判断和分析学术不端事件的严重情况。

专项调查（图 30）显示，"抄袭剽窃""不当署名"及"一稿多投"等 8 种学术不端行为，科研人员反映在一定程度上都存在。其中，47.3% 的科研人员认为存在"代写论文"现象；分别有 46.5% 和 45.5% 的科研人员认为存在"抄袭剽窃"和"不当署名"现象；分别有 44.4%、43.8% 和 41.0% 的科研人员认为存在"一稿多投""篡改结果"和"不认真履行合同"现象。

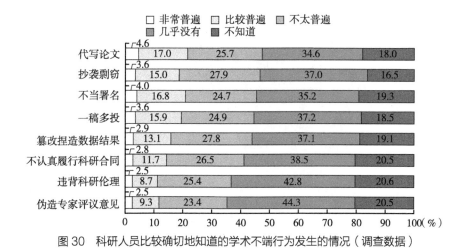

图30 科研人员比较确切地知道的学术不端行为发生的情况（调查数据）

三是接近六成科研人员认为存在科研机构行政化及学术资源配置不公平状况。在针对科研机构行政化的调查（图31）中，发现68%的科研人员认为这种现象明显存在，43%的科研人员认为比较普遍甚至非常普遍。在对学术资源配置的调查（图32）中，认为存在不透明、不公平现象的科研人员占比达到了69%，认为这种现象很普遍或是比较普遍的达到了42%。

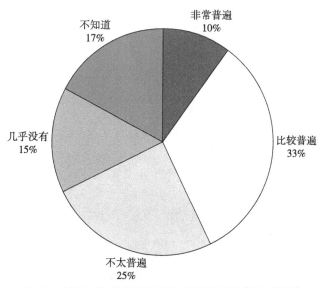

图31 科研人员对科研机构行政化调查反馈（调查数据）

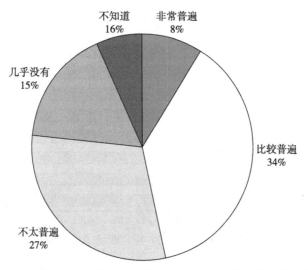

图 32　科研人员对学术资源配置不公平的调查反馈（调查数据）

通过对"科学家团体在重大科技决策中的参与程度不充分"这一问题的问卷调查（图 33），发现有 63% 的科研人员认为问题是存在的，其中 34% 认为是问题非常普遍或是比较普遍。

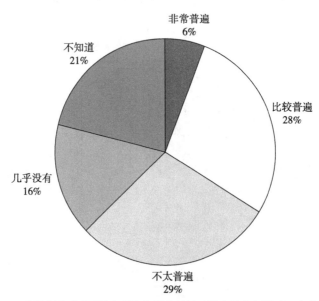

图 33　科研人员"对科学家团体在重大科技决策中的参与程度不充分"的调查反馈（调查数据）

四是接近七成科研人员认为"学术圈子"存在。科研机构"近亲繁殖""圈子文化",某一院系、学科存在着一些彼此有着某种"学缘关系"的教师,他们要么毕业于同一所学校、同一个院系,要么来自同一师门,进而造成学缘结构单一,科研人员之间缺乏竞争、滋生惰性,学术研究的视野封闭僵化,学术创新力由于生辈对师辈的奉迎而受到抑制,以及大量学术资源的把持造成资源分配不够科学等问题,对良好的学术民主氛围营造不利。

针对学术"圈子文化"的专项调查(图34)显示,有69%的科研人员认为学术圈子还是存在的,并且认为非常突出和比较突出的科研人员占比达到了40%。

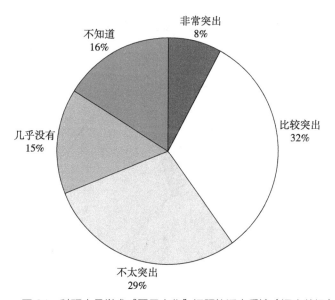

图34　科研人员学术"圈子文化"问题的调查反馈(调查数据)

另外,有3/4(75%)的科研人员认为"缺乏学术争论氛围"的现象存在,甚至有49%的人员认为是比较普遍或是非常普遍(图35)。

有超过七成(71%)的科研人员认为目前"学术民主氛围不够浓厚",甚至有38%的人员反馈认为这类问题非常突出或是比较突出(图36)。

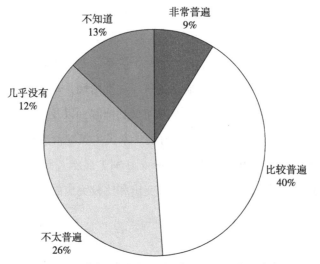

图35　科研人员对"缺乏学术争论氛围"问题的调查反馈（调查数据）

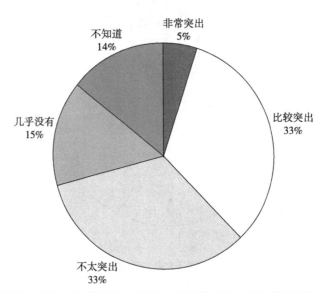

图36　科研人员"学术民主氛围不够浓厚"的调查反馈（调查数据）

二、政策实施成效评价

一是超过一半的科研人员认为相关政策措施已经产生了积极效果，超过六成对政策实施情况比较满意。专项调查（图37）显示，超过一半的科研人员

（52.7%）认为国家旨在促进科研人员增收、提升科研人员地位、激发科研人员创新活力系列政策已经产生了积极效果，其中认为效果很好和效果较好的人员占比合计已经超过三分之一（35%），认为政策实施"基本没有效果"的科研人员仅占 7%。

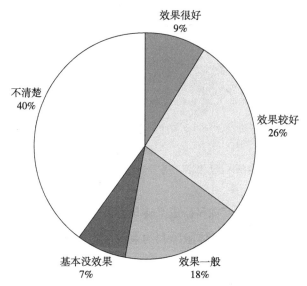

图 37　科研人员反馈激励政策实施效果情况（调查数据）

此外，针对科研人员对政策落实的满意度调查（图 38）显示，六成（60%）的科研人员对相关激励政策的实施情况满意，有超过四成（42%）的科研人员对政策措施落实效果非常满意和比较满意，认为不太满意和很不满意的人员占比非常低，分别仅为 6% 和 1%。

二是科研人员对科研经费使用管理制度和科研成果奖励制度实施效果相对评价最高。针对具体政策实施效果方面，根据科研人员对不同政策效果的评分排名（图 39）看出，效果相对最好的是科研经费使用管理制度和科研成果奖励制度，以 10 分为满分，科研人员评分分别为 6.41 和 6.39；其次是违规失信惩罚制度和职称评价制度，评分分别为 6.37 和 6.34；再次是赋予科研机构和科研人员足够自主权政策及青年科研人员培养发展政策，评分分别为 6.30 和 6.28；

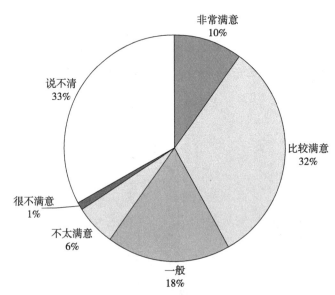

图 38　科研人员反馈激励政策实施满意度情况（调查数据）

相对较差的是薪酬收入制度和科研成果转化收益分配政策，评分分别为 6.25 和 6.16。可以发现，对于各项具体激励和约束政策的实施效果，科研人员评价差距并不显著。

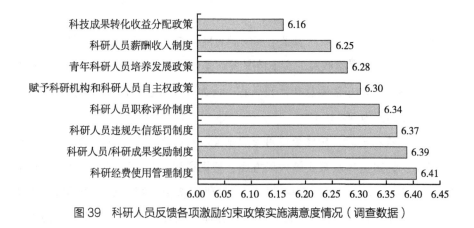

图 39　科研人员反馈各项激励约束政策实施满意度情况（调查数据）

　　三是科研人员认为用人单位政策执行的能力、动力问题是政策落实中的主要问题。在专项调查（图 40）中，为了解科研人员激励约束各项政策落实出现问题的原因，基于理论分析和实地调研，将原因细化为"政策传导落实需要时间，尚未产生效果""政策执行单位管理层落实政策动力不足"及"政策内容设计不够科学，针对性不强"等7个维度。

专项调查显示，反映"政策传导落实需要时间，尚未产生效果"是政策落实中出现问题原因的比例最高，达到34.90%；反映"政策执行单位落实政策协调成本难度大""政策执行单位管理层落实政策动力不足"及"政策执行单位制定实操细则能力不足"导致政策落实出现问题的科研人员比例也都超过1/3，分别达到了33.91%、33.98%和33.56%；认为"政策出台过密过频，科研人员无所适从"和"政策实施主体间缺少协同，政策不融通"是相关政策落实不到位原因的科研人员比例相对较低，均在三成左右，分别为29.52%和30.95%；认为"政策内容设计不够科学，针对性不强"的科研人员比例最低，达到22.0%。

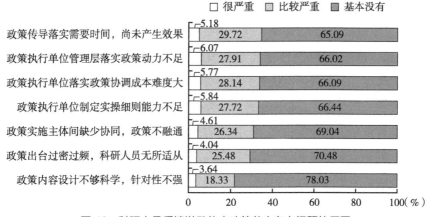

图40 科研人员反馈激励约束政策落实存在问题的原因

尽管各项激励政策对于提升科研人员科研创新的积极性富有成效，但是部分措施落实成效不佳，主要表现在以下几个具体方面。

（一）扩大科研人员自主权落实效果欠佳

国家和地方相关政策措施都要求充分尊重科研规律，赋予科研单位和科研人员更大自主权，切实减轻科研人员负担，努力营造宽松的创新环境，激发各类科研人员的活力和动力。《关于实行以增加知识价值为导向分配政策的若干意见》《关于加快直属高校高层次人才发展的指导意见》《关于抓好赋予科研机构和人员更大自主权有关文件贯彻落实工作的通知》等政策中多次强调要进一步扩大岗位设置、人员聘用、工资分配、经费管理、仪器采购等方面的自主权。然而调查结果显示落实情况较为一般，分别仅有 48.3%、43.8%、40.5%、42.3% 和 41.5% 的科研人员认为自己在科研经费支配、实验仪器采购、项目预算调整、项目绩效支配及劳务费支出方面拥有完全自主权或是较大自主权。

（二）提升科研人员社会地位存在认知偏差

《事业单位奖励规定》《关于进一步弘扬科学家精神加强作风和学风建设的意见》《关于进一步推进中央企业创新发展的意见》都先后指出要弘扬科研人员的先进事迹、大力表彰科技界的民族英雄和国家脊梁、在企业内部树立人才是第一资源的理念等。调查结果显示，76% 的科研人员认为社会公众对科研人员群体的尊重和信任程度较高，但同时有 44.5% 的科研人员认为自己的社会地位在当地属于中下层或下层。这种群体与个体的认知偏差反映出提升科研人员社会地位政策的精准性有待提高。

（三）职称评价体系合理性和有效性不足

围绕职称制度体系不健全、评价标准不够科学、评价机制不完善及管理服务不够配套等问题，相关部门出台了《关于深化职称制度改革的意见》《关于深化项目评审、人才评价、机构评估改革的意见》《关于分类推进人才评价机制改革的指导意见》《中央级科研事业单位绩效评价暂行办法》《关于破除科技评价中"唯论文"不良导向的若干措施（试行）》《关于实行以增加知识价值为导向分配政策的若干意见》等政策，提出设立科学人才评价指标体系、丰富职称评价方式、分类评价专业技术人才能力素质、突出其业绩水平和实际贡献等一系列措施。调查结果显示，分别有 67.8%、66.3%、63.7%、58.9% 的科研人员对本单位职称评价制度的透明性、公平性、公正性、科学性给予了正面回应。可以看出当前我国科研人员职称评价体系的规范性较好，但合理性和有效性仍有所欠缺。

（四）推进薪酬体系改革激励作用有限

《关于实行以增加知识价值为导向分配政策的若干意见》《关于加快直属高校高层次人才发展的指导意见》等文件的出台逐步提高了高校及科研单位中科研人员的基础性绩效工资水平，建立了绩效工资稳定增长机制；《关于支持和鼓励事业单位专业技术人员创新创业的指导意见》通过税收优惠等方式鼓励科研人员参与兼职创业；《国有科技型企业股权和分红激励暂行办法》中也进一步降低了国有科技型企业科研人员享受分红的门槛条件，加大对科研人员的激励力度。在一系列文件的推动下，我国科研人员收入相比之前有所提高。但专项调查结果显示，当前的薪酬体系对科研人员的激励作用十分有限：一是科研人员均认为自身属于低收入群体，且在不同年龄、不同地区、不同岗位之间差异明显；二是八成以上的科研人员仍然没有兼职收入，即使存在兼职收入占比也很低，主要收入来源仍是所在科研单位。

（五）成果转化收益奖励广泛性欠缺

2015 年修订的《中华人民共和国促进科技成果转化法》明确提出，科技成果转化受益全部留归本单位，对职务科技成果转化作出重要贡献的人员给予奖励和报酬。此外，《关于加强高等学校科技成果转移转化工作的若干意见》《关于进一步加大授权力度促进科技成果转化的通知》等文件中也指出要下放审批权限，充分赋予高校和科研院所科技成果自主管理权。但针对科技成果转化的调查结果并不理想：86.8% 的科研人员过去 3 年有科研成果转化为产品或者应用于生产；在另外 13.2% 参与科技成果转化的科研人员群体中，近半（48.9%）因此获得了收益，且收益形式多为奖金（70.7%）。可以看出，在促进科技成果转化方面，收益奖励的确发挥出一定作用，但对于如何激励科研人员更广泛地参与转化过程仍需进一步探索和落实。

（**研究组**：张　静　陈　晨　施云燕　王寅秋　付震宇）

我国科研人员激励机制问题和原因分析

一、科研人员激励机制存在的问题

尽管受访科研人员普遍认为目前国家出台的激励政策已较为齐全，并将在未来发挥更大作用，但同时也表示政策的实际获得感不强。专项调查结果显示，仅 1/3（34.4%）的受访者认为这些政策在促进增收、提升地位、激发创新活力方面的效果很好或较好，25.5% 认为效果一般或基本没有效果，40.3% 表示不清楚。基于座谈访谈和问卷调查结果，课题组对其中的主要问题分析如下。

（一）政策由于实操性、稳定性、配套性、系统性等不强难以着陆，导致整体效果发挥不充分

专项调查结果显示，受访者中对于政策执行情况非常满意或比较满意的占比不足一半（42.2%），究其原因：第一，目前激励政策多以规范性、指导性为主，而对政策的贯彻落实缺乏强有力的监督，机构及个人缺乏政策落实压力，导致政策"执不执行一个样"，高达 67.7% 的受访者反映"单位管理层落实政策动力不足"。例如，尽管当前"惩戒学术不端"呈现高压态势，但调查中发现各类学术不端行为受到处罚的累积比重均不超过 35%，最低为 19%。更有一些"灰色地带"被广泛默许容忍，监管欠缺成为科研失信仍屡见不鲜的重要原因。再如，根据 2019 年公布的《关于修改〈事业单位国有资产管理暂行

办法〉的决定》，高校和科研单位有权对其持有的科技成果"自主决定转让、许可或者作价投资"，但调研结果显示，由于缺少后续监督实施措施，科研单位谨慎执行改革措施和大量低价转让科研成果的现象同时存在。第二，部分政策设计面向一线科研人员，而对机构执行政策的主动性和可操作性考虑不足。例如，国家为促进增收、激发创新活力鼓励科研人员适度兼职兼薪，但其所在单位却要为此承担较大风险和协调成本，因此不愿意或难以落实这些政策。调研发现，仅27.4%的受访者表示所在单位已制定或正在制定适度兼职兼薪细则，仅6.1%明确表示除本单位外还有兼职，相对而言行政级别高的兼职兼薪比例高，兼职收入占比也较高，41.7%的高层管理人员（单位领导）反映兼职收入占总收入的30%以上，而无行政职务的人员和一般管理人员该比例不足13%。此外，如何平衡本职工作和兼职工作，如何界定离岗创业和吃空饷的边界等，也是单位需要处理的问题。第三，政策的稳定性和持续性不足，机构及个人存在执行顾虑。调研中受访者普遍表示对科技成果转化激励、绩效激励等政策的稳定性存在顾虑，担心政策说停就停、说变就变，新旧衔接不上，而审计、监察等部门不予认可、秋后算账。例如，相关政策支持科研成果所有人或团体提取收益，但多家单位表示，国家主管部门及各单位为了规范科研经费管理制定了相应的办法、细则，这些办法和细则数量多、范围宽、要求严，不仅科研人员弄不懂，而且财务人员也经常说不清，因此大家担心触碰红线而"不敢花，也不知道怎么花"。再如，受"人头费"比例较低的限制，为了给参与课题的各类人员发放工资及补贴，现实中诸如虚开发票、找学生代领劳务费、咨询费互换等套现操作仍旧存在。第四，缺少实施细则和配套措施，政策难以及时有效落地。以学术评价为例，调研中多位受访者表示，破"五唯"后，共识性的、科学合理的科研评价体系尚未建立，单位缺乏可实践的操作办法，一刀切、简单化、数量化、同行评价形式化依然比较严重，75.8%的受访者认为目前影响职称评审或职级晋升的最主要因素仍旧是"论文、专著、专利、科研项目等的数量"，该比例在医疗卫生机构和高等院校更是分别高达83.2%和82.0%。再有，合作科研项目过于突出牵头单位及第一完成人的贡献，如绩效奖励中往往以第一完成单位或第一完成人来认定论文或项目的归属，而第二、第三等合作单位或合作作者完成的工作往往打折扣计算甚至不计入成果，导致参与单位及个人在合作中有所保留，不利于科研机构和科研人员之间形成有效的团队合作。

（二）科研人员内部收入差距大和平均主义问题共存且收入与实际贡献挂钩不足，科研人员满意度总体不高

薪酬收入对于科研人员来说是最直接、最有效的激励方式，然而专项调查结果显示，受访者认为激发科研人员科研热情和创新活力最为迫切的政策制度改革就是"科研人员薪酬收入制度"，比例高达 64.8%；46.9% 的受访者认为个人收入在当地属于中等偏下或偏低水平，特别是收入两极分化被视为科研人员收入方面最主要的问题（占比 46.1%）。专项调查结果显示，半数（中位数）科研人员年收入低于 8.7 万元，1/4（下四分位数）的科研人员年收入不足 6 万元。其中，年龄 35 岁以下（7.4 万元）、工作不足 3 年（7 万元）、无职称（6.5 万元）、从事研究技术辅助（8.4 万元）的科研人员收入都不高，高级职称上四分位和无职称下四分位收入比高达 6 倍。1/4 的科研人员年底获得的绩效、奖励等不足 900 元，但也有 1/4 的科研人员超过 3.9 万元，某研究所海外引进人才薪资水平更是同所最低薪资的 16 倍。在收入两极分化这一问题中较为突出的是年轻成长型人才激励不到位，收入普遍较低、生活压力较大。处于职业生涯起步阶段的青年科研人员由于职称和岗位级别低、社会资源不足等，工资待遇普遍偏低，住房、子女教育等实际生活困难突出，迫切需要支持。专项调查结果显示，科研人员平均年收入约为 10.9 万元，而 35 岁以下青年科研人员年收入为 9.4 万元。与此同时，调研访谈中不少受访者表示本单位对于青年科研人员有一定的支持性措施，但从实际效果来看并未与其需求实现有效对接。某研究院研究员表示："单位给予青年科研人员科研项目作为支持，但这个和职称评定没有什么关系，职称评定主要看个人代表作。然而，青年科研人员被压了太多工作，没有时间做研究和发论文。"巨大的工作和生活压力一定程度上会影响青年科研人员，使其无法心无旁骛地做研究。另一个较为突出的问题是基础性、公益性等领域的科研人员，以及科研管理人员和科研辅助人员普遍面临"地位低、待

遇低"的问题。基础性、公益性科研单位的人员稳定性收入保障不足、其他收入来源较少，普遍待遇偏低。例如，调研中了解到，某公益一类科研事业单位，人员工资和绩效总体水平处于全市最低档，预算保障水平仅有57%左右，科研人员背负着创收弥补绩效工资缺口的巨大压力。与此同时，科研管理人员和科研辅助人员普遍收入偏低、晋升机会少、不受重视，无论是物质还是精神方面都未能得到与之贡献相匹配的有效报偿，导致专业人才数量不足并且流失严重。专项调查显示，科研辅助人员收入与科研人员相比差距明显，近八成（79.5%）的科研辅助人员认为职业晋升机会相对较少，66.8%的科研辅助人员反映自己地位及受尊重程度较低或很低，此外"领导不重视，工作内容繁杂，很难得到肯定"也是影响科研辅助人员工作积极性的主要因素。第二，"大锅饭""平均主义"现象仍较为普遍，难以体现业绩贡献。高校、科研院所等事业单位和国有企业的绩效工资总额受到严格的"天花板"限制，且近年来没有明显增长。受工资总额限制，绩效工资在用人单位内部的分配就成为一种"零和游戏"。为避免员工之间的矛盾，"平均主义""大锅饭"现象较为普遍，难以体现科研人员的实际贡献差异，也助长了科研人员的松懈懒惰情绪。专项调查结果显示，仅35.4%的科研人员认为单位的工资制度对开展科研工作的激励作用很大或较大；近三成的受访者认为收入待遇低于业绩贡献，仅35.4%的科研人员认为单位的工资制度对开展科研工作激励作用很大或较大。调研中某市属高校科技处负责人反映，对于市级财政资金资助的科研项目，单位人事处不同意发放科研人员绩效工资，因为按照市人力资源和社会保障局相关规定，市级财政资金支持项目的科研项目绩效需计入学校绩效工资总盘子，如项目组发放科研绩效工资，会影响大部分教职工收入。

（三）科技成果转化的利益分配机制和不同角色功能定位考虑不足，科技成果转化激励过度和激励不足共存

近些年来，国家和地方相继出台了一系列促进科技成果转化的相关政策，旨在促进科研人员增收、激发科研人员创新活力的同时推动国家创新驱动发展。然而，专项调查结果显示，高达86.8%的受访科研人员表示近3年没有

科研成果转化为产品或应用于生产，一半以上（51.1%）的受访科研人员表示"科研成果转化为产品或应用于生产时，本人未从中获得收益"，科技成果转化激励效果仍有较大释放空间。第一，部分地区科技成果转化个人收益偏高，尚未理顺与单位、同事之间的利益分配关系。在国家政策支持下，为充分调动科研人员科技成果转化积极性，部分地区进一步加大科技成果转化收益的比例至70%、80% 甚至 90% 以上，一方面所在单位为此承担高风险和低收益，积极性不高；另一方面也会因拉大与部分同事，特别是非创收岗同事间的收入差距而引发内部矛盾。某研究所所长助理表示："目前科技成果收益比例较高，如深圳 90% 都给到了个人。然而，部分单位承担着国有资产保值增值任务，如果收益都给个人，单位就可能完不成国有资产保值增值的任务，而承担的风险却一点没降低，这是矛盾的，单位积极性不高。"某研究院研究员表示："单位研究积累很多年的成果，假如某位科研人员最终转化并由此得到奖励，这对于前期开展基础研究的人员是不公平的。因此这样的激励制度实质是短期行为，长期来看不利于国家、机构和个人长远的利益协调。"此外，我国科研评价导向也不利于成果转化，专项调查结果显示，受访科研人员认为阻碍科技成果转化最主要的障碍是"科技成果与市场需求脱节"，该比例高达 52.2%。第二，对承担科技成果转化任务的角色定位不清，过度强调科研人员成果转化的任务。多位受访者表示，不能仅仅鼓励科研人员成果转化，要鼓励全社会成果转化。专业的人做专业的事，科研人员的本职工作是做好研究，不擅长也没有精力做市场化和产业化的事，需要专门的机构和专业的人员去实现从上游最开始的基础研究到真正产品之间的有效衔接，而这部分群体及其专业服务是最为缺失的。某大学医学院教授表示："基础研究最重要的是有重大科学发现，是'引领'而不是'服从'，不能围着科技成果转化到处跑。正常的模式应该是先有重大科学发现，公司去用，但中间这段我国是缺失的，链条搭不上。"

（四）人才"帽子"负面效应凸显，逐步偏离其学术性、荣誉性初衷

第一，片面追求业绩导致人才"帽子"泛滥，人才与用人单位间未能真正

实现供需匹配。各用人单位、各级地方政府为落实政绩考核热衷争抢人才或发起人才计划，甚至将人才引进数量作为约束性指标。目前，我国国家层面、省级层面及市县层面存在大量的人才计划。但实际上，部分人才计划出发点并未真正考虑用人单位需求，很多单位引进人才也并非因其事业发展所需，而是出于科研绩效考核需求。第二，人才"帽子"与资源利益过度捆绑，引发了较为突出的人才激励结构性矛盾。人才计划、人才项目等人才"帽子"设立的初衷是为了吸引、留住人才及提高、改善人才的工作和生活条件，然而时至今日却逐步异化出以称号评价人才、以称号级别决定人才"价码"的"帽子"乱象①。一旦评上人才"帽子"，高额的科研经费、薪资待遇、职称评定和各种奖励等纷至沓来。如某市政策规定：两院院士被定为杰出人才给予 600 万补贴；获得"国家杰出青年科学基金"项目并结题者被定为国家级领军人才，可获得 300 万补贴；入选中国科学院"百人计划"被定为地方级领军人才，可获得 200 万补贴。由此导致 20% 的少数"精英"占据着 80% 的资源，引发了科研人员队伍内部不平衡，挫伤了其他科研人员积极性。专项调查结果显示，"资源过度集中于部分科研人员"排在"帽子工程"引发的一系列负面问题首位，比例达 41.6%。如，重海归或省外人才引进、轻本土人才培养；部分地区和部门过度重视人才引进甚至将引才数量视为一项政绩，但对本土优秀人才的支持和激励不足。调研中了解到，部分单位受高层次人才引进政策引导大力引进了一批海外、省外专业技术人员，但该类引进人员科研能力参差不齐，对单位没有形成实质上的推动，甚至出现"钻空子""谋帽子""跑路子"的现象。相比之下，本土优秀人才获得的支持和激励不足，甚至即便在超过引进人才科研水平的情况下也会由于没有"帽子"无法脱颖而出，这就造成大量本土人才埋没或资源浪费，严重挫伤了其工作热情。北京某大学教授表示，"学校把资源都给了'帽子'人才，普通老师的获得感不强，'土著'人才与'帽子'人才之间的矛盾很大。"第三，人才"帽子"偏离了学术性、荣誉性的初衷与本质，助长了学术界急功近利、追名逐利的浮躁风气。以称号评价人才、以称号级别决

---

① 樊秀娣. 人才"帽子"引发负面效应不容忽视［N］. 中国科学报，2020–01–21（7）.

定人才"价码"的"帽子"乱象导致科研人员对人才称号的注意力从学术荣誉转移到了"帽子"带来的种种特权和利益。部分科研人员为了戴上"帽子"，把大量的精力用来申报各种人才计划、疏通关系，不仅导致科研人员难以潜心从事研究工作，而且助长了学术界急功近利、追名逐利的浮躁风气。专项调查结果显示，"帽子工程"引发的诸如"导致科研人员无法潜心科研"（33.1%）、"引发科研人员的非良性流动，加剧了地区科研人员的分布不均衡"（32.2%）、"破坏了公平有序竞争的学术生态"（30.9%）和"诱发一些科研学术不端行为"（30.8%）等学风作风问题已成为除"资源过度集中"最为突出的问题。调研中也同时了解到，由于人才"帽子"是评价高校的核心指标，部分地区和高校不惜重金将"帽子"人才收入囊中，以此来改善学校各项数据指标和体现工作业绩，人才"帽子"价码越炒越高，一些"帽子"人才也频频"转会"以谋求更好的待遇。

（五）对于科研人员的特征、作用、成长及使用规律等认识不足，科研管理中"行政化"和"官本位"的弊端依然存在

尽管我国科技体制机制改革深入实施，然而现行科研管理体制的一些弊端仍旧存在，将人才管理简单等同于人事管理，将科研管理简单等同于行政事务管理，制约着科研人员自主权的有效落实。例如，科研院所管理中，僵化套用行政管理制度模式，造成科研单位主体性缺失，发展的能动性与自主权受到限制。在科研院所职能设置上，政府管理部门对科研项目的立项、遴选、验收及奖励的具体管理时有越位，而没有将工作重点集中在制定规划、设计政策、做好服务和优化环境等职责上，以至于强有力的行政主管控制气氛和市场优先的战略选择成为一些科研单位的管理方式，从而以行政决策代替学术决策。再如，科研经费生搬硬套行政部门办法，常常不符合科研工作实际。科研经费管理和使用是科研活动基本的支撑条件之一，尽管近年来政府持续深化科技领域"放管服"改革，但部分从事科研工作的一线人员却感觉科研经费的报销规定越来越细，几乎让人寸步难行，已经明显影响到科研人员申报科研项目的积极性。调查还发现，68.3%的受访者认为存在"科研机构行政化"问题，其中经

费使用自主程度被认为最低，仅分别有 37.1%、37.4% 和 40.5% 的受访者认为项目负责人或学术带头人在结余经费使用、间接费用调整和劳务费支出方面具有完全或较大自主权，远低于技术路线决策自主权（60.6%）。调研中也了解到，党政部门直属科研单位的经费严格按照行政模式管理，这类单位的科研人员有时甚至会因为没有依据报销学术会议的会议费用而放弃参加学术交流的机会；而一些科研事业单位尽管在行业内具有较高影响力，有能力也有意愿举办高质量的学术会议等品牌活动，但由于会议费、经费使用须按照"三公"经费管理而认为活动难以具体实施。究其原因，主要是对人才的地位和作用、人才成长和使用规律性认识不足，导致人才观念出现偏差。很多部门以简单的行政方式来管理各类人才，将其不加区分地当作党政干部看待，甚至片面地通过官本位来激励人才发展，导致官本位的盛行，进而派生出人才"政绩化""身份化"等问题。

（六）全局性统筹不足，体制机制改革不到位、创新文化建设滞后等制约了政策效果发挥

第一，人才工作中政府与市场角色的边界不清。从本质上看，人才发展属于市场问题，应由市场机制来配置资源，政府的职能是管宏观、管政策、管协调、管服务。但目前政府对人才配置微观领域的过多干预，代行了诸多市场机制的职能，而人才服务和发展的环境建设却整体滞后。例如，政府为规范科研经费管理设置了诸如预算编制、政府采购、公务卡、会议费、差旅费、固定资产等多项具体规定及措施，加重了科研人员报销负担，降低了科研积极性，同时也让科研人员感到了不被信任和尊重。第二，政策出台部门之间合作松散，彼此之间职能交叉、重复甚至相互掣肘。我国科技人才政策发文主体数量众多，且结构和内容上交叉、重叠甚至相互冲突；落实过程中也由于不同部门利益诉求、目标考核等方面存在差异难以形成落实合力；政策制定部门之间有效沟通不足、职责划分不清、协调配合不够，尚未形成一个有机整体。例如，某市教委、科技局规定，从职务科技成果转化收入中给予科技人员的现金奖励可减按 50% 计入科技人员当月"工资、薪金所得"，依法缴纳个人所得税，但

因与税收政策相冲突，导致该项政策未能落地。第三，重奖励轻惩罚，学术道德、职业素养等政策约束性不够。现阶段对科研人员的激励以正面激励为主，较少甚至拒绝采用负面激励，这就可能导致本身具有较高创新积极性的科研人员备受鼓励而采取更加积极的行动，而对创新积极性本身不足的人触动不大，在学术道德和职业素养上存在缺陷的人得不到应有的惩罚，反而一定程度上打击了科研人员的积极性，此外，尽管我国已经制定出台了多项规范学术诚信的法律法规，各研究单位也提倡加强行业道德教育，但学术监督机制仍有待规范及完善，学术不端行为时有发生。例如，对于如何认定和规制"剽窃"，其裁定并非来自成文法或判例法；再如，事后惩处是我国遏制学术不端行为的主要手段，而对于学术失范行为的事前监管没有相应的机制，剽窃抄袭、伪造篡改数据及实验结论、一稿多投等依然存在。专项调查结果显示，接近一半（49.5%）的受访者表示不清楚单位或所在单位系统是否建立科研人员违规失信惩罚制度相关实施细则，仅 22.1% 的人员反映单位已经制定了实施细则；近七成受访者认为学术不端事件频繁出现，其中 33.5% 认为非常或比较突出；分别有 47.4%、46.5%、45.5% 和 44.3% 的受访者认为存在代写论文、抄袭剽窃、不当署名和一稿多投等学术不端行为，其中 40% 认为上述行为比较或是非常普遍。第四，缺乏有效的"淘汰"机制，竞争择优、能上能下的职称评审制度和用人制度仍需完善。尽管科研单位人事制度改革不断推进，但从实际效果来看，职称的终身化及岗位仅能上不能下的现象仍然存在，即通过竞争机制仅实现了优者上但未能实现弱者下。特别是在各级职称和岗位结构比例控制下，一些评上的人坐享其成，缺乏持续创新的动力和工作热情，而一些符合晋升条件的青年科研人员却因岗位饱和难以晋升，积极性受到伤害。调研了解到，目前部分高校实行了"非升即走"制度，但总体数量非常少。某大学副校长表示，"现在淘汰人很难，连轮岗都很难。"第五，促进科研人员潜心研究的环境亟待优化。专项调查结果显示，69.3% 的受访者认为当前学风浮躁浮夸。调研中科研人员也普遍反映，"现阶段外部充斥着的各种诱惑使得科研人员难以潜心做研究和踏实做好本职工作，忘记了科研人员的使命"。同时，科研评价和资源分配中"看身份、讲人情、走过场"等不良现象，以及论资排辈、行政权力大于学术权威等传统观念依然存在，专项结果显示，68.6%的受访者认为关系学术圈子文化盛行，71.2%认为目前学术民主氛围不够浓厚，68.6%认为学术资源配置过程不透明、不公平等。调研中，山东多所高校反映，"同等科研条件下，职称评聘侧重'论资排辈'，优秀的科研人才不得不因年限问题'熬资历'"。

二、科研人员激励机制问题背后深层次原因分析

科研人员激励机制存在的上述问题是多方面原因造成的，其中主要原因如下。

（一）对于科研人员的特征、作用、成长及使用规律等认识不足，导致激励政策靶向性不够

"顺木之天，以致其性"，即只有符合科研人员特征、作用、成长及使用规律的政策才能对其形成有效激励。然而，由于一些地方及部门对上述问题认识不足、把握不准，造成当前出台的相关政策措施针对性不强，政策效果不明显。例如上文提到的以金钱和官位为基础的科研人员激励方式，不仅难以对科研人员形成可持续的有效激励，还会使各地方和单位之间、科研人员之间对物化利益盲目攀比，甚至派生出人才"政绩化""身份化"等问题。实际上，专项调查结果显示，实现自我价值（64.9%）、追求科学新知（50.4%）和对社会发展作出贡献（46.9%）是科研人员选择从事科研活动最主要的三点原因，且35岁以下青年群体上述比例更高。有些地区和部门为了在任期内"出政绩"，为引进人才而引进人才，忽视人才引进以后的适用、使用、留用问题。人才工程成为部分地方或部门业绩的象征，加上以人才工程的名义可以申请多种经费支持，导致各级、各类人才工程"遍地开花"，"江河湖海"学者不胜枚举，"名山大川"教授层出不穷；各地人才管理部门通过设立各种各样的"头衔"给人才提供"身份"，各种人才计划还被划分为三六九等，不同的等级享有不同的待遇和特权，导致青年学者把大量的精力用来申报各种人才计划、疏通关系，影响了科研活动。有些部门或单位评价人才的标准是"只认身份不认人"，

即使这类"人才"的创新能力和科研能力已经下降，但仍然被视为高端人才。

（二）政府与市场的角色失衡、边界不清，人才激励中政府"缺位"与"错位"并存

人才激励是由政府主导还是市场主导仍是亟须解决的重要问题。从人才发展来看，人才的培养和供给是为了满足经济社会发展的需求，人才流动及其使用由市场根据人才资源的稀缺程度进行配置，人才使用的效能由市场检验。因此，从本质上看，人才发展属于市场问题，市场对人才的激励作用应该更为有效。但需要指出的是，这与党管人才的领导体制并不矛盾，党管人才体现在政府的职能是管宏观、管政策、管协调、管服务。然而，现阶段政府在人才激励中"缺位"和"错位"并存。"缺位"体现在政府在政策法规制定、协调各部门行动、配套服务供给、文化和环境营造等多个领域的工作还有待加强和完善，导致目前人才激励中存在约束性激励不足、部门间合作松散、科技成果转化和离岗创业的积极性不高等问题；"错位"体现在政府对微观领域的过多干预，代行了诸多市场机制的职能，导致用人单位难以根据自身需求去发现、使用和评价人才，影响了人才激励效果。综上，我国人才激励中具有鲜明的政府强、市场弱的特点，有些部门采用"家长式"的管理方式，管得太多、管得太死，不仅不符合人才发展规律、限制了人才创新活力释放，还会扰乱科学研究的正常秩序和生态。

（三）全局性统筹不足，政策的系统性、配套性还有差距

有效激励科研人员充分释放创新活力是一项系统性工程，需要各项政策措施之间协调配套，以及体制机制和文化环境的有效支持。进入新时代后，科研人员激励政策的系统性和配套性也面临新的需求，但目前这些方面还存在一定的差距。一是激励政策缺乏宏观统筹协调，政策各环节之间缺乏有效衔接。我国科技人才政策发文主体数量庞大，已超过80个，在结构和内容上存在职能交叉和重叠过多，甚至相互冲突的问题，表明政策制定部门之间有效沟通不足、职责划分不清、协调配合不够，尚未形成一个有机整体。此外，当前我国

的"人才计划""人才工程""人才标签"等过多过杂，可能会偏离科技人才队伍建设紧密围绕我国科技事业的战略目标，表明政府缺乏整体规划。二是制度改革未能做到与时俱进，部分先行先试创新领域存在制度缺失或与现行制度局部冲突的问题。例如在科技成果转化方面，西南交通大学的混合所有制改革和中国科学院将奖励报酬权转移成股权的改革，虽然效果较好，但因与现有法律制度有所冲突而面临着一定的法律风险，影响了科技人才转化科技成果的积极性。三是对科学文化与学术生态关注不足，导致文化环境中充斥着一些制约对科研人员进行有效激励的不利因素，且难以在短时间内得到根除。例如，国家引导"人才称号回归学术性、荣誉性本质，避免与物质利益简单、直接挂钩"，并出台了诸如《关于深化项目评审、人才评价、机构评估改革的意见》等一系列相关政策，但由于科研激励功利化滋生的浮躁情绪存在已久，可能反而使那些不唯"帽子"的单位由于提供给科研人员的"票子"和地位与外边市场所提供的"票子"和地位相比落差巨大而面临人才流失。

（**研究组：**王宏伟　马　茹　张　茜　施云燕　张　静　王寅秋）

政策建议

一、注重科研机构实施政策的内在动力，保障政策的有效实施落地

一是，在人才政策制定的初始阶段，加强调研与政策预研，按照科学的政策制定程序，制定科学可行的人才战略规划与具体的人才政策，按照财政可行性、技术可行性、行政可行性，对每一项人才政策的财政基础、技术基础及具体的行政执行路径进行明确规划，解决部分人才政策无法落实的问题。

二是，政策设计既要面向科技工作者，又要面向以机构为单元的执行层面，赋予科研人员和科研机构更大自主权，增强科研机构实施政策的主动性和可操作性。优化符合科研规律的制度设计，允许高校、科研院所依据国家和本地有关制度自主制定项目经费管理办法。在人才政策的执行过程中，加强监督与管理沟通，建立及时的反馈机制，将以前的结果管理改为过程管理。

三是，建立真正的责任机制，明晰利益与评价的划分，明确企业和社会的评价主体地位。深入实施科技人才评价"放管服"改革，着力改进评价责任机制，建立清晰的利益关系与评价责任对等的新机制。坚持"谁用人、谁评价"原则，克服"一把尺子量到底"倾向，提高用人单位评价自主性，支持用人单位根据自身特点建立符合业务特点的人才评价标准，减少政府对科技人才评价的干预。落实职称评审权限下放改革措施，在实施政府科技人才计划的过程中，要逐步建立同行专家推荐制度，创业人才的同行评议可以采用同行业企业

家评定的方法。健全人才评价政府监督机制，政府相关部门可以通过建立绩效评估制度，加强对创新绩效、研发活动产生的社会经济效益的评估，引导用人主体注重以学术水平、科技贡献评价和激励科技人才。明确企业和社会评价机构在人才评价中的主体地位，积极推广科技类外资企业或大型民营企业所采用的目标管理（MBO）和关键绩效指标（KPI）考核的考核评价体系，支持社会评价机构发展。

二、完善收入分配制度改革，增强科研人员的获得感和满意度

一是需要增加我国科研人员收入结构中的基本工资收入部分的比重，尤其是要关注基础研究科研人员的收入。

二是基础研究人员的收入要以能力为主要标准，应用和转化类科研人员要以贡献为激励基础。

三是要积极探索科学的评价体系，破立并举。打破固有评价体系的同时，与时俱进地根据现实需求构建具有鲜明中国特色的学术评价体系，使基础研究、应用研究、技术开发等岗位科研人员的报酬与贡献相匹配，提升岗位内与岗位间的公平性。

四是鼓励企业参与基础研究，引导企业提高基础研究人员的待遇。对于企业各类型研发投入（如基础研究、应用研究、试验发展等）实行差异化加计扣除比例，对企业在基础研发方面的投入给予更大的税收优惠，提高基础研发投入的加计扣除比例；对于企业与高校（或科研院所）基础研究与经济目标结合的协同创新项目，可予以一定的财政资金支持，或更为优惠的税收减免政策；建立相关的政府引导基金，通过股权或债权等方式引导和激励企业加大基础研究投入。通过财政和税收政策支持，引导企业提高基础研究人员的待遇，调动企业科研人员从事基础研究的积极性。

三、多维视角关注科研人员职业发展，构建卓有成效的激励机制

知识经济时代，科技的竞争归根结底是人才的竞争，合理的科研人员激励机制，不但可以使优秀人才脱颖而出，而且可以更加有效地发挥科研人员整体力量。但是科研人员激励是一个系统性的活动过程，只有着眼于科研人员本身，多维视角关注科研人员职业发展，才能构建卓有成效的科技人才激励机制。

一是针对不同类型、不同年龄的科研人员需求不同，进行分类激励。关注不同层次科研人员的需求差异，给予青年科研人员更多的物质激励、适当的精神激励，给予学术带头人更好的科研条件，给予基础研究人员更加稳定的激励，而技术开发人员则适合更加市场化的绩效激励措施。

二是平衡使用各类激励方式，获取激励效应的最大公约数。首先，物质激励和精神激励相平衡，遵循按劳取酬、优劳优酬的物质激励原则，最大程度调动科研人员的创新积极性，实施有效的精神激励，重视通过使命感、成就感、尊重和自我发展等精神层面的激励提高科研人员的工作热情。其次，长期激励和短期激励相平衡，合理优化科研项目周期、薪酬结构和科技成果转化收益分配机制等，发挥激励措施对科研人员长期激励的正效应，避免短期激励诱发的功利主义。最后，目标激励中过程考核和结果考核并重。强化对科研过程和科研积累的考核力度，重视科研知识生产的正外部效应，避免科研成果指标化。

三是坚持激励相容，约束与激励并重。无规矩不成方圆，用规则和法律约束科研人员，夯实科研人员的国家责任和社会义务。充分发挥约束条件的激励作用，使得约束和激励相辅相成，激励科研人员勇于担当、敢于担当，发挥优势。

四是充分认识到短期考核的负面激励效果，重视面向团队整体绩效的考核评价。一方面，充分认识短期考核带来的负面激励效果，建立以创新为导向的

分类科技人才评价机制。在科技人才评价过程中，应根据经济和社会发展的战略目标，逐步建立健全人才评价体系，改进人才评价方式，特别是对基础研究的高端人才评价，要逐步实行国际同行评议的方式，评价评估学术成果的前沿性和学术贡献，并实行长周期评价，避免"重程序、轻成果"的短期考核导致的低质低效，提升科研人员工作质量和效率。另一方面，注重个人评价与团队评价相结合，尊重和认可团队所有参与者的实际贡献。适应科技研发团队化、协作化发展趋势，建立面向团队整体绩效的考核机制，探索建立"团队考核为主、个人考核为辅"及以团队为基础的人才评价机制。

四、加强科学家精神的宣传与弘扬，让人才"帽子"回归学术性和荣誉性

一是切实精简人才"帽子"数量，禁止省级以下机构设立各种名目的人才计划，严格控制各类人才计划数量，优化整合现有各类人才计划，杜绝为"业绩工程""政绩工程"而设立只有名头没有实际意义的人才计划的行为，彻底清除人才"帽子"满天飞乱象。

二是建立正确的评价导向，形成荣誉性激励与物质激励的脱钩机制。禁止将人才"帽子"作为承担科研项目、获得科技奖励、评定职称、聘用岗位、确定薪酬待遇等的限制性条件，避免将人才"帽子"作为利益和资源分配的挂钩条件，单一人员获得同一层次人才计划支持不得超过两项，让人才"帽子"回归学术性和荣誉性。构建科学合理的动态评估机制和监督机制，加强外科研诚信、道德修养、社会服务等学术指标之外的其他方面的监督评价，据此适时调整人才计划，提高资源配置效率。

三是要把弘扬科学家精神摆在更加重要的位置上，加强崇尚科学价值引领，建构创新文化理论体系和价值体系。进一步加大对优秀科学家精神风貌和创新事迹的宣传力度，深入推进以倡导科技报国、倡导严谨求实、倡导潜心钻研、倡导理性质疑、倡导学术民主等为代表的学风作风建设。把提高公民科学素质、培育科学精神、认识科学文化功能作为重要的价值观念，贯穿于科学研

究活动和科学管理活动中，贯穿到中国特色的文化建设过程中，大力发展基于科技创新的先进文化。

五、以问题为导向，建立符合人才成长使用激励规律的政策框架

在科技人才激励问题上，必须要把政府与市场联系起来看，政府既要解决"越位""错位"的问题，又要解决"缺位"和"补位"的问题。具体来看，需要进一步理顺政府与人才市场的关系，减少在微观领域对科技人才的直接干预，通过制定科学、完善、透明的激励政策，为人才创新提供政策服务，加强约束性激励，鼓励跨部门合作，提高科技成果转化积极性等方式完善对科技人才的使用、评价及激励，引导并督促用人单位根据其客观环境和实际需求调整人才管理办法，实现对人才市场的间接管理，解决因户口、身份等阻碍人才流动的体制障碍，实现人才资源的最大化利用。

一是转变政府人才管理职能，深入推进简政放权，从直接介入干预人才具体工作逐步转变到优化人才公共服务、加强法制建设、完善市场监管等方面来，重点解决和弥补市场失灵。

二是要充分考虑科研人员的特质和工作动机，避免简单依靠"钱势"和"官势"对科技人才进行激励，加强科学家精神的宣传与弘扬。

三是要特别重视青年科技人才激励，为青年人才发展提供稳定的职业预期，构建平等竞争的环境，从政策、资金等方面为青年人才的就业、创业提供支持，破除论资排辈等旧有观念，为青年人才大胆创新创业提供更多的机会。

六、重视科学文化和学术生态建设，树立崇尚创新的良好环境

一是加强科研诚信建设，完善教育、引导、监督、惩戒一体的科研诚信制度体系和工作机制。开展正面宣传引导和负面案例的警示教育，对科研失信和

科技活动中的违规行为加以严肃查处和惩戒。探索由专业协会或独立的机构负责学术不端的惩戒，有利于客观调查和准确评价。树立科研伦理意识，推进国家科技伦理治理体系建设，建立健全科技伦理政策制度体系，完善科技伦理治理体制，开展科技伦理教育。要在高校和科研院所设立学术道德委员会，负责调查处理科研人员的学术不端、违反伦理规范等科研失信和违规行为。

二是要积极发扬学术民主，鼓励学术争鸣。要倡导学术权威虚怀若谷，包容兼蓄，举贤荐能，提携后进。要鼓励年轻学者敢于发表和坚持自己的见解，敢于质疑和超越权威的思想。要积极营造诚信、宽松、和谐的学术环境，鼓励自主探索，允许积累、允许试错。

三是多层次推进创新文化建设。加强科学教育，丰富科学教育教学内容和形式，激发青少年的科技兴趣。加强青少年科普教育，培育科学精神，提高科学意识。充分发挥基础研究对传播科学思想、弘扬科学精神和创新文化的重要作用，大力培育创新文化。加强科学技术普及，鼓励科学家面向社会公众普及科学知识，推动国家重点实验室等创新基地面向社会开展多种形式的科普活动。

（**研究组**：马　茹　王宏伟　张　茜　徐海龙　付震宇）

附　录

北京市科研人员激励政策落实情况调研报告

为深化对科研人员创新内在驱动机制的认识，调查和了解不同类型科研人员的职业发展规律和实现路径，剖析影响科研人员积极性的体制机制和政策问题，为构建重激励、有约束、守底线的科研人员发展制度环境提供改革和政策建议，课题组于 2020 年 7 月 18—19 日在北京召开 3 次调研座谈会，调研对象包括科研管理人员、领军科技人才、一线青年科研人员及工程技术人员。

本次调研主要内容包括：精神激励方面，赋予科研人员足够的社会地位、给予充分的科研自主权、确保科研人员职称晋升顺畅、授予科研人员合适的荣誉头衔等；物质激励方面，科研人员实际工资收入水平、享受的成果转化收益、能够获得的股权激励及依法依规适度兼职兼薪等。

一、调研基本情况

本次调研对象包括 11 名科研管理人员，其中 3 名来自企业，以及 12 名来自高校、科研机构、军事科研机构等的正高级、副高级和中级职称的科研人员和工程技术人员，具体分布如表 1 所示。

表1 调研基本信息表

机构类型＼调研情况	调研机构	调研对象		
		一线科研人员	科研管理人员	合计
高等院校	北京大学	1	1	2
	北京师范大学		1	1
	清华大学	1		1
	中国科学院大学	1		1
	对外经济与贸易大学	1		1
	北京航空航天大学化学学院	1		1
	北京林业大学经济管理学院	1		1
	清华大学五道口金融学院	1		1
	首都经贸大学管理学院	1		1
	小计	8	2	10
科研院所	国家信息中心	1		1
	中国科学院自动化所		1	1
	北京计算科学研究中心		1	1
	中国科学院物理所	1	1	2
	军事科学院系统工程研究院		1	1
	国家纳米科学中心		1	1
	中国科学技术发展战略研究院	1		1
	中国人事科学研究院	1		1
	小计	4	5	9
企业	北京中技华软科技服务有限公司		1	1
	中科易研（北京）科技有限公司		1	1
	中国兵器装备集团有限公司		1	1
	小计		3	3
其他	北京大学第三医院		1	1
	小计		1	1
总计		12	11	23

所调研的 23 个人中，一半以上（14/23）认为近年来国家和地方出台的有关促进科研人员增收、激发科研人员创新活力的政策落实效果一般或者不好；一半左右的科研管理人员（6/11）认为自己单位受益于近年来国家和地方出台的有关促进科研人员增收、激发科研人员创新活力的政策；从一线科研人员的自身体会来看，一半左右的人认为在实际工作中能感受到这些政策带来的利好。所调研的单位中，86.4%（19/23）的单位对不同岗位（如教学和科研岗，基础研究、应用研究和技术开发岗等）的职称评定和考核晋升进行分类实施，并且单位对于不同类型岗位（如教学和科研岗，基础研究、应用研究和技术开发岗等）实施了不同的考核标准。

所调研的单位中，77.3%（17/23）的单位对于在工作岗位上作出突出业绩和贡献的科研人员有奖励政策，63.5% 的单位对于成长期青年科研人员有专门的支持政策，77.3% 的单位对领军型科研人才有具吸引力的待遇政策。

60% 的科研人员所在单位建立了科研财务助理制度或设立了专职科研辅助岗协助科研人员开展财务报销等行政事务，77.3% 的单位建立了绩效考核相关细则，60% 的科研人员认为单位绩效考核对激励科研创新有积极的效果，66.7% 的科研人员认为单位绩效考核真正实现了与个人的贡献、才能、实际工作业绩的相互挂钩，66.7% 的科研人员认为单位奖励会影响职业晋升。

在科技成果转化方面，73.3% 的科研人员认为单位转化流程并不复杂，40% 的单位有专业机构帮助转化；73.3% 的单位对于科研人员离岗创业、兼职兼薪没有细化规定；80% 的单位对于科研人员离岗创业、兼职兼薪没有在实际工作中给予支持；66.7% 的科研人员认为科研人员离岗创业、兼职兼薪对科研职业发展没有不利影响。

60% 的单位对成长期青年科研人员有专门的支持政策，66.7% 的单位对领军型科研人才的待遇政策具有吸引力，60% 的人认为其所在团队给予课题负责人、参与人、辅助人员等的"名、利"是合理的。

二、主要问题及原因分析

本次调研围绕政策成效、科研评价、科技成果转化、青年人才成长等方面展开，发现如下问题。

（一）政策在一定程度上有积极效果，但在落实过程中遇到一些科技管理方面的障碍

无论是科研管理人员还是一线科研人员，都认为目前国家出台的关于激励科研人员的相关政策已经较为齐全，但是在不同机构的落实情况差异较大；普遍认为一组政策的出台到政策能有所成效之间存在一定的时滞，到单位能从政策中获益则需要更长的时间。某研究所处长认为目前科技界整个大的环境正在逐步转化，现在的政策整体考虑得较为周到，唯一的不足在于目前整个社会有点过于急躁，对政策的效果期望过高。

北京某大学副校长认为，目前国家出台的激励政策已经发挥作用，并即将发挥更大的激励作用。目前的政策不能满足科研人员乃至国家发展的需要是正常现象，因为政策层层向下传导的过程都是需要时间的，政策的导向已然很强，但落地需要时间。同样，对于一个政策落地的快慢应当理性看待，避免太过急躁。在推进激励科研人员创新创造工作的过程当中，面临的主要问题是政策的落地落实，如，在分类考核操作的过程当中挑不出评审专家，在确保客观理性评价科研项目上存在较为明显的困难。对于科研人员评价的政策落实，还需要一个逐渐改变的过程。

北京某科研机构研究员提到，从政策制定到政策落实，需要考虑多个因素：一是大政策方针落实过程中如何平衡各地差异的问题，这些政策落实的最大问题往往与具体落地执行单位有关，由于单位之间差别较大，对政策的落实落地存在着较大的差异；二是在大政策方针落实过程中如何解决矛盾的问题，在政策落地过程中，往往会出现与出台政策或与想要解决的问题相悖的现象，不利于政策的落实和问题的解决；三是如何平衡人才政策结构性问题。目前，诸多政策的支持，对于人才培养和引进人才发挥了很大的作用，同样也造成了部分人员钻政策空子的现象，因此需要从结构上平衡人才政策的制定和落实，确保人才政策真正起到激励促进的作用。

（二）目前的科研评价机制过于"一刀切"，不利于联合攻关和多学科发展

大科学时代更多的项目需要团队合作，需要多个科研院所联合攻关，但是无论是整个科研机构的评价机制还是个人的职称评审机制，目前都非常不利于开展团队合作和联合攻关。

科研机构整体评价方面，目前有诸多科研项目需要联合多个机构开展合作研究，但在考核评价过程中，往往出现对参与的科研机构进行单独单点评价考核的情况，导致各个科研院所在共同推进科研项目进展时有所保留。

个体科研评价方面，主要存在科研项目贡献分配不公平的情况。某研究院质量成果处处长认为，在申报科研评奖过程中存在对参与科研项目的团队及成员进行贡献排名的现象，导致贡献分配不公平，影响科研团队整体协调及团结。某大学教授认为，科研项目团队分工、作者及贡献排名等科研成果认定方面存在较大的困难。

科研评价的另一个突出问题是在综合性的研究机构中，对不同岗位的科研人员却采用统一的评价标准，这不利于有效激励多元化的科研人员的积极性。北京某医院创新转化中心主任指出，就医院体系而言，人才评价具有相对较大的复杂性，它不仅仅包含了科研领域，还涵盖了医疗及教育两个领域，因此在人才评价过程中不应当仅仅考虑科研评价指标，需要实施人才分类评价，深化职称改革，同时兼顾科技成果转化等因素，确保医学领域科研人员除了能获得相应的荣誉还能获得相应的收入。

（三）科技成果转化缺乏利益分配机制和专业机构

一是科技成果转化内部利益分配机制对技术研究不利。一些机构反映目前科研人员的成果转化积极性不断提高，但是部分成果是很多年积累下来的，只是通过某一个团队或者某一个科研人员实现了转化。而根据现有规定，70%以上的转化收益要给主要的完成人或者团队，导致给到科研单位去反哺做技术研究的资金大量减少，造成对其他技术研究人员及行政管理人员的利益损害，对于技术研究反而是不利的。

二是缺乏科技成果转化专业机构或专业人员。目前国内科技成果转化的主要问题在于缺乏专业人员解决从上游最开始的基础研究到真正产品之间的衔接问题。在企业与高校及科研机构的合作过程中，从高校或者科研机构到企业的科技成果转化中间存在较为明显的问题。一方面，对于科技成果该如何进行市场定位及进入市场后如何使其工程化，在科技成果转化过程中承担这一责任的角色缺失。另一方面，科技成果转化应该是全社会的责任，而不仅仅是科研人员的责任。科研人员应当将科技成果在前期实验室阶段的工作做好，然后跟企业进行合作，由企业来做市场化和产业化的事。要形成一种有效的产学研融合机制，以促进科技成果的顺利转化。

（四）青年科技人才成长遇到经济、资源、晋升、建立团队等多方面阻力

青年科技人才是科学研究的生力军，应大力扶持青年科技人才的发展。然而在调研过程中，发现目前我国绝大部分青年科技人才面临经济和职业发展的压力，同时在争取资源和建立团队方面也困难重重。北京某大学教授指出，对于刚入职的年轻人，面临的最大的问题是经济困难，尤其在北京，房子和孩子上学问题困扰了很多年轻人，这一困难决定了科研人员是否能够安心专注于科研事业。

青年科技人才在成长过程之中遇到的较为普遍的一个瓶颈是难以获得稳定的资源，组建自己的团队。有些高校或科研机构对于青年人才给予一定的扶持政策，例如启动基金等。北京某科研机构研究员提到，对于青年科研人员成长，其所在单位鼓励青年科研人员多申请和参与科研项目，鼓励青年科研人员多写多练及多参与学术交流，在学术资源及评奖激励方面，也将较多的资源向青年科研人员倾斜，鼓励青年科研人员积极创新创造，不断成长；有些研究机构对于刚刚毕业的博士和青年科研人员有学术成果出版的支持，同时对中层干部、普通科研人员及优秀科研人员进行分开考核，确保各个层级的资源不受挤压。然而，北京某大学教授也指出，在获得青年项目之后，青年科研人员想要进一步成长会遇到困难，主要原因是组建科研团队较为困难，学校定位及资源配置与科研人员研究方向不匹配。这种现象在二线学校中更为明显，在二线学校中组建团队是更困难的事情，一般有行政级别的人才有可能组建自己的团队，青年科研人员想要组建团队则很难实现，导致在后续评职称时也存在诸多问题。

职称评审中存在的问题也是影响激励效果的重要因素，主要的问题是评价标准不明确，对于不同学科、不同性质的岗位采用"一刀切"的评审标准。某科研机构助理研究员指出，其单位在职称评价方面门槛较低，往往会笼统地综

合评价科研人员发表论文数、服务工作、科研项目等多方面内容，没有评价指标体系，存在根据资历晋升职称的现象，不利于青年科研人员的发展。北京某医院创新转化中心主任提到，很多科研人员在评职称的过程中不能通过评审，主要问题是由于存在学科差异性，在评审过程中很难做到按照学科差异进行同行评议。

（五）科研人员薪酬待遇整体水平不低，但存在结构性差异

对于整个科研群体而言，国家现有激励政策已经较为齐全，目前科研人员的平均收入排在国内行业的第三位。之所以仍有各种不和谐的声音，是因为科研人员的收入在整个社会中充斥着各种比较。北京某大学科研部副部长指出，目前国家对于科研人员的待遇问题并没有一个指导标准，在进行比较的过程中往往会采取向上比较的方式，导致作出超预期的判断。此外，多数科研单位没有解决好结构差异问题，除了科研环境，整个社会浮躁的环境也使得科研人员形成了比较心态，主要表现在科研系统内部比较、与外部行业比较产生的差异，主观感知和客观现实之间的差异等。如果同样水平的人在不同行业之间的薪酬待遇等方面产生巨大的差异，或者同样在一个单位工作，做着相似的工作却收入差异过大，而科研人员所在单位没有提供较好的解决方案，则会导致科研人员焦躁不安。

北京某大学教授认为，平均来看，中国科研人员的收入不低，但是有几个比较突出的问题。一是科研人员的收入分配结构太复杂，不同水平的科研人员收入差距较大。北京某科技服务公司总经理指出，在有些研究所，海外引进的科研人员的薪资水平与该研究所的最低薪资相差16倍，而在一般情况下，这个差距是3～4倍，即正高级职称科研人员的薪资水平是刚参加工作的科研人员的3～4倍。二是因为科研经费中用于人员的经费太少，导致很多科研人员冒着巨大的道德风险，通过报销、各种劳务费等途径，将国家及财政的钱装到自己的口袋中。三是不同行业之间差异太大，例如同样毕业的研究生在科研单位和金融机构内收入差距过大，导致留在科研院所的人产生对外比较的心理。

（六）科技管理能力缺失导致科技体系效率低下

科研管理人员的素质和能力直接决定着科技管理能力，但是目前，我国对

科研管理人员的关注度和激励不够，造成科研管理人员和科研人员之间的冲突较为突出，成为我国科技体系效率低下的重要原因。另外，目前的文化体系不足以支撑科研激励政策。当今社会文化体系的发展进程不足以支撑科学研究体系的发展，科研人员的文化思想受到较大的冲击，不利于科研工作的推进。北京某大学副校长认为，现在科技管理能力制约着很多政策的成效，而高校和科研机构对管理人员的激励投入不足，如果让管理人员获得相应的激励，可能效果会好一些。

三、对策建议

一是加快推进相关激励政策的落实。通过构建科研的平台和氛围，注重把政策逐步落到实处；推进科研管理机构和管理队伍的合理配置及合理待遇建设，改善管理约束大于激励的现状，加大对科研管理人员的投入，促进科研管理人员创新创造，规范科研管理制度，从科研管理角度确保科研创新创造的有序推进；将科研工作的使命感融入科研文化中，确保青年科研人员能够抵御外界浮躁的文化冲击及欲望的诱惑。

二是实施分类分级的考核评审制度。破除"唯论文"和"唯帽子"，依据科研的客观规律和科学发展观，构建一套科学合理的考核评审体系。对于不同的学科，应当按照各个学科的特点实行分类分阶段评估，明确评估的指标，确保科研人员在相对稳定的环境中，促进其发挥科研创新创造的能力；针对涉及科技成果转化的科研机构，其评价体系应当建立分类分级别的评价标准及体系，既要避免唯论文的考核方式，又要避免过于考虑成果转化的考量；针对团队合作的科研项目，采取分区评价的方式，对参与科研项目的团队和科研人员负责的区块进行单独评价；在机构内部的评审过程中，应当更加注重科研成果，不应过多考虑科研人员在外界获得的称号及成绩。此外，针对民营企业中的科研人员，应适当开放更多职称评审的渠道。

三是完善多元化科研人员激励方式。科研学术激励方面，在确保科研人员获得体面生活的基础上，建立有效的奖励机制，更好地体现不同贡献获得不同的收入和名誉；明确岗位与工资的比例，科研人员的工资收入取决于岗位，岗位取决于贡献，贡献越高，学术荣誉自然就会越高；探索建立科技创新特聘岗位制度，设立不同人才梯队，提供相应人才待遇；在创新团队层面，要建立科技创新工作站和院士工作室，形成以首席专家为核心，拥有包括财权、物权、人权、科研方向等在内的完全自主权利，提高科研团队灵活性，赋予科技人员更大的技术路线决策权和科研经费使用权；支持科研人员参加学术团体，允许科技人员学术兼职。科技成果转化激励方面，通过促进科技成果转化及构建绩效考核分配利益机制，实现按劳分配，确保科研工作人员获得相应的利益；建立鼓励创新、宽容失败的责任分担机制，提高对科研人员在创新过程中出错后的包容程度，对具体责任实施分担机制，确保科研人员创新创造的积极性，健全科技创新荣誉激励机制；对作出突出贡献者的奖励，尤其是作出产业产品的核心人员，从其他制度方面，特别是从中长期激励层面向核心人才进行倾斜，如以提供股票和股权的形式，将人才的能力和公司的长远发展形成利益深度捆绑，以激发科研人员的活力，从而贡献其才智。

四是建立专业化科技成果转化机制。组建专业团队或专业机构，在科技成果进入市场进行转化时，加强对于科研人员利益的保障，促进科技成果转化的推进，确保科学技术真正落地，同时让专业的人干专业的事，让科研人员将其精力集中在科研和创新上。加大学科之间的合作，通过学科的交叉或不同学科之间的合作，交叉融合进行原始创新，以促进学科的发展及科技成果的转化。放开科研人员兼职兼薪及离岗创业的限制，鼓励支持科研人员将科技成果转化作为个人职业生涯的一部分；充分考虑科研成果的权利归属、收益权等问题，平衡科学家与所在科研院所有关责任划分、收益分配等方面的矛盾；构建合理分配机制和分配政策，对参与科研项目成果转化的团体和个人应当采取按贡献分配的原则；适当让科研人员直接参与市场竞争，形成产业化的科技成果以吸引更多的资金支持。

五是加强对青年人才的培养与支持。构建完善的科研人才培养体系，拓宽青年科研人员的科研资源，同时对其生活提供必要保障，解决子女上学及住宿等问题，确保青年科研人员能够心无旁骛，将主要精力放在科研创新创造工作中。为青年科研人员提供更多更优质的资源及平台，积极推进"老带新"的发展模式，形成一种文化氛围，打造更稳定的科研环境，鼓励年轻科研人员为科技界作贡献。对于科技成果转化，建立科学的评价体系及成果转化体系，提供相应配套激励政策，鼓励青年科研人员离岗创业，确保青年科研人员的能力发展及成果转化建设进程的推进。

六是合理平衡单位的科技资源分配。对于当选优秀人才或获得其他荣誉的优秀科研人员，应当加以鼓励支持，提供相对丰富的资源，同时平衡与普通科研人员之间的资源配置，优化资源分配机制。由于科研本身是不具有计划性的，特别是对技术学科而言尤为明显。因此，在资源分配过程中既要考虑向优秀科研人员分配较多资源，又要避免因资源过分倾斜阻碍处于成长期的青年科研人员的成长。

（调研组：裴瑞敏　陈　光　惠仲阳　叶　京　赵腾宇）

江苏省科研人员激励政策落实情况调研报告

2018 年，习近平总书记在世界公众科学素质促进大会指出，科技是第一生产力，创新是引领发展的第一动力。人才是科技创新最关键、最核心的要素，创新驱动从本质上说是人才驱动。而科研人员是科技创新的原动力，让科研人员既不失体面又提高收入，充分调动激发其创新创业的积极性，对国家发展、社会进步具有重要作用。因此，深化对科研人员创新内在驱动机制的认识，深入研究不同类型科研人员的职业发展规律和实现路径，剖析影响科研人员积极性的体制机制和政策问题，为构建重激励、有约束、守底线的科研人员发展制度环境提供改革和政策建议，切实提升科研人员激励政策实施有效性，在整体上将有利于提高科研人员的科技创新力，对于国家未来的发展战略将具有重要意义。

一、调研基本情况

根据工作方案，课题组充分学习国家、各部委及江苏省相关政策，梳理明确科研人员激励政策体系，把握促进科研人员增收、提升科研人员地位、激发科研人员创新活力的重点领域、主要抓手和重点举措，了解江苏省落实科研人员激励政策现状，在此基础上进行实地调研工作。

7月13—20日，课题组深入高校、科研院所、国有企业及相关机构开展实地调研。本次实地调研以"集体座谈＋深度访谈"的形式展开，依据调研提纲对科研管理人员和一线科研人员分别设置调研问题，通过分类调研，力图全面解析国家、各部委及全省相关激励政策的实施效果，以及在实施过程中存在的体制机制障碍和具体落实困难，同时汇总整理科研人员对于未来政策走向的诉求和建议。

课题组共调研7家单位，包括高等院校3家、科研院所1家、国有企业3家；调研相关人员31人，其中科研管理人员19人、一线科研人员12人，具体分布如表1所示。经过调研，课题组汇总整理大量相关材料和调研实例，对江苏省科研人员激励政策落实情况进行了认真总结，挖掘典型案例，梳理不足和问题，并就未来进一步合理提高科研工作人员物质和非物质激励、充分调动其创新创业积极性建言献策，贡献智慧。

表1　调研基本信息表

机构类型 \ 调研情况	调研机构	调研对象		
		一线科研人员	科研管理人员	合计
高等院校	南京技师学院	3	3	6
	南京工业大学	3	6	9
	小计	6	9	15
科研院所	中国电子科技集团公司第十四研究所	4	5	9
	小计	4	5	9
国有企业	江苏省电力公司（许杏桃大师工作室）	3	1	4
	中国航天科工南京晨光集团	1	3	3
	南京依维柯汽车有限公司	4	2	6
	小计	8	6	14
总计		18	20	38

二、调研中的主要发现、问题及原因分析

（一）主要发现

本次调研发现，近年来国家和地方出台有关促进科研人员增收、激发科研人员创新活力的政策在江苏省整体落实效果良好，引导作用显著，推动高校、科研院所、国有企业及相关机构深化相关体制机制创新，为科研人员"放心科研、静心科研、全心科研"提供有力保障，有效促进我省进一步集聚国内外创新人才资源，服务全省高质量创新发展；同时，各调研单位科研人员对当前收入水平总体满意，科研积极性较高。

（二）问题及原因分析

虽然江苏省科研人员激励政策已取得良好成效，但通过调研仍暴露出一些问题，且因机构类型不同而具有显著的差异性，具体情况如下。

1. 高校

（1）职称评定和考核晋升通道有待进一步拓宽

在职称评定方面，有些高校实习教师对应的正高级职称晋升通道有待完善，且由于缺少合理的专业技术职称评定制度，导致青年教师的科研创新主观能动性不高。在考核晋升方面，近几年获得职称破格晋升的教职工仅有 1 位，职称评定晋升数量受限，挫伤青年教职工科研创新动力。此外，因为工作编制数量有限，在编教职工与非在编教职工薪资待遇存在差距，导致非在编青年教师人员组成存在一定波动。

（2）科研激励制度有待进一步完善

在科技奖励方面，有些高校教职工科技奖励政策缺乏创新，具体科技奖励政策的实施力度不能完全满足当下科研人员的需求。此外，当前院校缺乏负向激励制度。正向激励奖励对部分教师激励效果不足，科研和教学积极性调动困难。校方因为事业单位体制机制问题，缺乏相应的惩罚或淘汰制度，不存在反向激励机制，个别教师存在怠工现象，校方无法有序调整岗位，青年教师人才无法进入合适岗位，科研创造积极性受阻。

（3）分类评价制度有待进一步健全

从获得荣誉来看，受传统观念影响，实验室技术服务人员不是科研主体，被划为教辅人员，难以得到与科研一线人员同等重视。此外，实验室人员主要工作是为科研工作提供技术服务，多数无法参与科研项目，科研项目荣誉成果不足。从获得利益来看，鉴于教辅工作性质原因，实验室技术服务人员待遇低于一线科研人员。此外，实验室技术服务人员面临晋升通道窄、发展空间有限等问题。"名与利"获得感不强，造成高端和低端实验室人员同时存在流动，实验室队伍稳定性差，影响对科研工作的支撑作用。

（4）专业知识产权运营团队能力有待进一步提高

一些高校由于专业化人才组成的知识产权运营团队能力还有所欠缺，无法满足科研人员所期望的科技成果转化咨询、指导、建议等运营工作，不能对科技成果转化形成充分的促进。知识产权运营团队能力欠缺，一方面是由于学校本身缺少在知识产权方面足够专业的人才，需要依靠校外知识产权运营团队，而外部知识产权运营团队的市场化运营机制与学校运营机制存在一定差异，无法对学校内部知识产权及相关工作形成有效认知和密切配合；另一方面是由于高校对外部人才考核审评要求过严，制约了外部人才引进，高层次知识产权专业人才因高校薪资待遇平均水平低于社会机构而入校意愿不强。上述原因导致高校知识产权运营团队能力无法完全满足校内科技成果转化需要，阻碍校内科技成果价值创造、扩散及进一步转化。

2.科研院所

（1）分类评价制度有待进一步健全

分类评价不足的问题导致相关人员的科研和创造积极性受影响。有些院所虽然存在两种不同类型的科研人员，且各自分工明确，但并未形成各自的评价体系，所用人才评价体系基本一致，没有考虑不同类型人才的特殊、特定要求和需求，存在"一刀切"现象。此外，在考核评价指标体系构建过程中，上下级之间缺乏有效的沟通与合作，科研人员作为考核对象，话语权较低且参与程度太低。由于院所自身的创新价值导向，现有评价体制有一定的偏向，未考虑不同岗位、不同层次科研人员的不同要求，导致部分人才在考核和评价上"吃亏"，受到"不公平"待遇。

（2）科技成果转化能力有待进一步培育

目前有些院所虽然已有大量发明专利成果，但多数专利因为保密、职务发明等原因而处于搁置状态。一方面，搁置专利无法发挥专利价值，既没有为院所和科研人员创造财富价值，也没有提升院所和科研人员的社会知名度，反而挫伤科研人员创新主观能动性。另一方面，搁置专利的做法不利于提升国家在相关技术领域的研制水平和能力，同时也无法发挥专利的资金杠杆作用，不利于促进研究所发展及其科研人员创新发展，对提升科研人员创新积极性无法发挥出应有作用。

（3）创新创业政策宣贯力度有待进一步加大

有些院所在国家创新创业政策宣贯方面存在一些问题，主要表现为宣传贯彻工作力度不足，其主要原因在于两方面。一方面，院所对国家创新创业政策的解读工作不到位，对创新创业的概念和内容理解不透彻，存在"舍小抓大"、偏重大创新而忽略小创新、"创新就要成功"、偏重创业成功而缺乏失败宽容等现象，无法使科研人员充分吸收政策精神和内涵，错误引导科研人员创新创业方向，导致科研人员的创新创业情怀和创新创业主观能动性不高。另一方面，研究所在宣传贯彻方面未做到人员全覆盖，存在高层重视而基层轻视的现象，对基层科研人员宣导不积极、宣传贯彻工作不到位，无法充分激发科研人员创新创业情怀。

3. 企业

（1）科技项目评审机制有待进一步完善

有些企业内部科技成果丰硕，但外部科技项目评审获奖较少。一方面，尽管外部科技项目评审能够较大幅度提升企业和申报人员知名度和获得感，但由于外部评审获奖后实质性奖励较少，导致企业及企业科研人员申报积极性和重视度不高；另一方面，企业目的在于盈利，重心在于生产，企业内各项活动均服务于生产，科技创新创造的目的在于提升效率、降低成本、保证质量，实用性较强，而在科技水平上，与大专院校和科研院所相比存在一定劣势。由于多数科技项目采用参与主体统一标准的评审体制，未采用分类评审，在与大专院校和科研院所等专业研究机构竞争中，企业在科技项目获奖方面处于弱势，进一步影响企业的申报积极性。此外，由于近年来经济下行，多数企业处于亏损状态，而多数科技项目评审对亏损存在限制，导致企业的新能源、智能网联等优秀课题无法进行申报，不仅阻碍了企业的申报热情，也阻碍了优秀科技成果的转化。

（2）职务发明收益分配机制有待进一步优化

在一些企业，一线科研人员在工作中申请的专利皆为职务发明专利，发明人对发明成果归属没有决定权。企业在科技成果转化过程中，没有做到科研成果有名化，企业利用科研人员专利取得利润，但忽略了科研人员的创新努力需要配置相匹配的回报；单位依靠科研成果获得经济利益，但科研人员的个人努力过程被掩盖，这会引发科研人员心态失衡。职务发明一方面限制了人才流动，将科研人员固定在原岗位上，另一方面削弱了科研团队创新的内生动力，阻碍创新的持续性发展。

（3）知识产权保护水平有待进一步提升

通过实地调研与深度访谈发现，目前存在严重轻视知识产权保护和知识产权保护措施不足的现象。主要表现为知识产权保护意识淡薄，行业整体存在注重科研成果推广、积累和保护有形资产、忽略科技成果和专利等知识产权保护的问题，导致单位自主知识产权拥有量少及成果被剽窃问题较为严重，科研人员通过成果转化获得利益降低，创新积极性被挫伤，进而错失了科技成果转化良机，最终形成恶性循环。

（4）技术革新应用层面有待进一步开拓

通过实地调研与深度访谈发现，目前一些汽车企业在生产已有车型基础上针对客户需求开发新车型，产品种类多，拥有满足不同车型生产的自动化生产线，在产品开发和生产过程中，为适应顾客和生产需求，形成了许多技术革新成果，并在公司内部实现应用。由于绝大多数革新成果开发目的是服务于本企业生产制造，成果仅适用于本企业的车间、生产线和工艺，特殊性强，局限性大，无法复制推广到别的同类企业中去，技术革新仅停留在本企业内部，无法"走出去"，没有形成技术的再创新进而转化成更高层次的科技成果，阻碍了科技成果创造。

（5）科研人员对科研经费使用自主权有待进一步提高

一些企业对预算调剂权和经费使用自主权的权限管理十分严格。项目在最初预算审核批准后，在项目实施过程中无法再变动。特别是一些具有军工背景的大型企业，在涉密保密方面有严格规定和要求，造成企业对一线科研员工科研经费使用情况监管严苛。因此，在科研人员的经费使用管理上形成束缚和控制，导致集团一线科研人员的科研动力不足，热情不高。

三、对策建议

（一）优化高校职称评定，健全考核晋升制度

建立多元导向的科研综合评价制度，研究制定考核评价细则，对表现特别突出的科研人员，给予更多晋升机会，敢于破格提拔。借鉴南京理工大学"四型六类"〔教学科研型、教学为主型、科研为主型和实验教师型，其中科研为主型又细分为科学研究类、重大（工程）项目研究类、科技科研成果转化类〕、南京工业大学四类职称（教学型、科研型、教学科研并重型、社会服务型）等，结合高校定位和实际情况，健全符合自身长期发展的职称评价体系。在编制不足的情况下，平衡在编与非在编教职工之间的差距，确保科研人员贡献与回报相匹配，以能力决定地位。针对职业院校，建立并完善职称分级制度，构建培养并重用师资人才制度体系，取缔实习指导教师称呼，实现职称名称专业化，给予科研人员更体面的荣誉头衔。

建立健全实验室人员评价体系。通过举办实验室人员与科研人员联合技能竞赛，增加实验室人员曝光率、知名度，提升对实验室人员的重视度，充分认识实验技术人员在实验教学和科研工作中的作用，不断提升对实验室岗位的重视程度。在不影响实验室工作的情况下，让实验技术人员承担部分教学工作，成为实验教学骨干，淡化实验课教师和理论课教师的界限，同时提升此类实验室人员待遇。采用相同的进修标准，对符合条件的实验室人员，学校鼓励其去进修，同时为其创造进修机会，完成进修后可申请承担教学工作。通过设立实验人才专项基金等形式，采取专职或兼职并用等方法，公开招聘引进高层次实

验技术人才，壮大实验室队伍。在招聘引进实验室人员时，通过签订合同，规定在实验室工作年限，避免实验室人员流动过于频繁，稳定队伍。

（二）创新科研院所体制，实施人才分类评价

充分学习贯彻落实江苏省《关于分类推进人才评价机制改革实施方案》对人才评价的改革要求，从职业特性、岗位职责和要求、人才层次性等方面出发，注重考察各类人才的专业性、创新性和履责绩效、创新成果、实际贡献，同时注重德才兼备，设定分类评价体系，将不同岗位类型人员的评价体系区分开来，避免"一刀切"。以科研人员的工作特性、人员层级、实际贡献和需要为参考，设立分类评价指标体系，实现多类人才并举，提升各类型科研人员的创新积极性。

对于科技研发机构，探索实施"双通道"评价机制。赋予研发机构充分自主权，建立与市场相匹配、与国际相比具有竞争力的薪酬体系；科技成果可通过协议定价、在技术交易市场挂牌交易、拍卖等市场化方式确定价格等。建立事业单位绩效工资总量正常增长机制。对竞争性科研项目，用于科研人员的劳务费用、间接费用中的绩效支出，以及经过技术合同认定登记的技术开发、技术咨询、技术服务等活动的奖酬金提取和职务科技成果转化奖酬支出，均不纳入事业单位绩效工资总量。对人数达到一定比例的高层次人才，单位可以自筹经费，自定薪酬。对全时全职承担重大战略任务的团队负责人及引进的高端人才，实行一项一策、清单式管理和年薪制。

（三）完善正负激励政策，构建双向治理模式

在目前已有的制度基础上，根据不同职位的教职工的科研成果，调整制定符合现有科研人员薪资水平要求的奖励制度，按成果、分等级地给予科研人员可观的物质奖励，充分提高科研人员的创新内生动力。高校应积极落实地方政府给予科研人才的激励政策，配合出台相应的配套政策并周期性更新，提高科研人员待遇。对于特别优秀的人才，可实施年薪制聘用人才。

高校可以通过以下三方面完善负向激励机制：第一，制定科学合理的岗位责任制，将责任、权利和权力有机结合，论功行赏，依过处罚，使负向激励机制运行有据可依；第二，加强高校教师思想政治教育，完善师德考核制度，对

考核中出现负面评价的教师，及时进行思想教育，通过警告、劝勉等手段提升职业道德；第三，正确引入竞争淘汰机制，有选择地实行末位淘汰制，激发高校教师责任心和工作主动性。通过完善反向激励机制，提升教师责任心和工作主动性，提升科研创造积极性。

（四）构建公平宽松环境，培育创造转化能力

企业应充分抓住江苏省打造 13 个先进制造业集群机遇，积极开展与大专院校、科研院所的密切沟通与合作，强化产学研合作。通过强化产学研合作，进一步加快技术革新，借助大专院校和科研院所对技术革新经验进行总结，将经验上升为理论层次，通过理论进行推广复制，打破技术革新局限性，实现技术革新向科技成果的转变，促进科技成果创造。针对企业科技项目评审机制不完善问题，可以从企、政两方面多措并举来解决。企业方面，提升对科技项目评审的重视度，施行外部评审获奖项目配套奖励，以补充外部奖励的不足；积极开展与大专院校、科研院所的沟通和合作，利用产学研合作提升科技项目研究高度和深度，联合大专院校和科研院所共同进行科技项目申报，丰富团队资历，加快科技成果转化效率。政府方面，积极搭建平台，推动产学研合作，提供专家指导帮助企业进行科技项目申报，改革完善现有科技项目评审体制，根据申报单位性质施行分类评审机制，对优秀项目适当放宽限制，为所有创新主体提供均等机会。

为科研人员松绑，营造良好科研环境，在单位开展"扩大科研经费使用自主权试点"，由单位探索完善科研项目资金的激励引导机制。赋予领军人才和科研团队更大的绩效分配权限，将"财权"进一步释放给研究单元，对有较大发展空间的中青年科研人员给予激励倾斜，促进研究团队和谐成长，加快科研成果产出。在计提奖励经费的支持下，不少科研人员反映不必再额外分心为了绩效去申报承担各种小型任务，可以集中时间和精力做研究、出成果。提高工作效率，加速推进创新成果转化。

加强科研成果运营团队建设。加强单位自身知识产权相关专业的人才培养，通过吸纳单位内部专业人才实现知识产权运营团队建设，保证运营团队后援动力的长久性，为单位培养一批知识产权运营方面的人才。实行市场化运营机制，运营团队不仅要服务单位，更要"走出去"，参与市场竞争，学习外部

市场运营规律，提升自身建设水平和服务水平，更好地促进科研成果转化。寻求有意向与单位合作的外部专业知识产权运营团队，通过建立长效合作机制，组建由外部专业人员和校内人员组成的混合型团队，在服务内部的同时，借助专业人员培养校方专业人员。

（五）注重知识产权确权，实现权益合理分配

充分利用《促进科技成果转化法》赋予单位的完全成果处置权和奖励权，实现职务科技成果权属混合制改革，从各单位制度层面确认职务发明人对职务科技成果的所有权。实施科技成果所有权确权行动，建立科学确定所有权比例原则和确权程序。对既有专利权进行分割，建议各单位根据职务发明人提出的奖励申请与其签订奖励协议，并在知识产权局将专利权由单位单独所有变更为单位和职务发明人共同所有。对新申请的专利由单位和个人按比例进行分割，根据与职务发明人的协议约定，对审查中的专利追加职务发明人为共同申请人；对尚未申请的专利则与职务发明人共同申请、共同所有，增强和保护科研人员主观能动性和创新内生动力。

对军工保密类科技成果，在保证自主使用的基础上，建议联合国家装备发展部和国防专利局等相关机构，开发对军工类专利的军民转化，将专利应用到更广阔的民用领域中去，提升民用科技领域的技术水平，增加专利创收，提升科研人员获得感。此外，建立与相关兄弟院所的合作机制，对其开放部分专利的使用权限，增加专利使用范围，提升领域内整体水平。对非军工保密类科技成果，建议与企业合作，进行专利授权使用或转让，充分发挥专利的时效性、科技先进性和高价值性作用，提升科研人员的回报和获得感。

（六）丰富宣传交流活动，激发创新创业活力

通过开展全单位政策研讨会，安排不同层级人员参与，对国家和地方出台的人才创新创业政策及措施进行探讨解读，充分发掘政策精神和内涵，实现政策解读到位。利用门户网站、微信公众号、单位宣传教育媒体及内部办公系统等多渠道进行政策宣传解读推送，组织各科室人员参加学习，实现政策解读和宣贯的人员全覆盖。通过解读、宣传、学习等多措并举，加强国家和地方创新创业政策的宣贯，推进创新创业政策落地见效。

加强知识产权的宣传教育工作，普及专利法，建立健全严密的知识产权保护制度，带领科研人员学会以法维权，避免成果流失。加强管理人员科技资料管理学习，做好保密工作；引导科研部门以专利申请为重为先。与政府部门建立沟通渠道，加大知识产权保护力度，创造良好的外部条件支持企业知识产权保护工作，疏通从成果研究到专利保护的便捷路径，实现科研成果高效转化和经济创收。

（调研组：李荣志　戚　湧　顾　军　金　雷　杨向阳　刘晓琪）

山东省科研人员激励政策落实情况调研报告

受中国科协创新战略研究院委托，山东省创新战略研究院组织开展了山东省科研人员激励政策落实情况调研。调研采取集体座谈、深度访谈、个案研究等多种途径开展，主要目的是深化对科研人员创新内在驱动机制的认知，深入研究不同类型科研人员的职业发展规律和实现路径，剖析影响科研人员积极性的体制机制和政策问题，为构建重激励、有约束、守底线的科研人员发展制度环境提供改革和政策建议。现将调研情况报告如下。

一、调研基本情况

本次调研的主要目的是了解山东省科研人员激励政策落实情况，包括政策实施、政策效果、科研人员需求、问题和短板等内容，从精神和物质层面，分类研究激发科研人员积极性相关重点问题。调研采取集体座谈和个体深度访谈相结合的方式，选取了6家有代表性的高校、科研院所和国有企业，包括2所高校、2所科研院所和2家国企，对49名科研管理人员和一线科研人员进行集体座谈、深度访谈，其中科研管理人员12名，一线科研人员37名，涵盖基础研究、应用研究和技术开发、重大科研攻关、成果转化、实验技术服务等不同科研领域，人员体现领军型人才、骨干科研人员、青年科研人员等不同职业生涯阶段。具体情况如表 1 和表 2 所示。

表 1　调研基本信息表

基本信息		高校		科研院所		企业	
		人数	比重	人数	比重	人数	比重
学历	博士研究生	21	87.5%	10	67%	4	40%
	硕士研究生	3	12.5%	5	33%	4	40%
	本科及以下	0	0%	0	0%	2	20%
类别	科研管理人员	6	25%	5	33%	4	0%
	一线科研人员	18	75%	10	67%	6	60%
从事岗位	基础研究	5	20.8%	5	33%	0	0%
	应用研究和技术开发	7	29.2%	4	27%	5	50%
	重大科研攻关	6	25%	2	13%	1	10%
	成果转化	3	12.5%	2	13%	2	20%
	实验技术服务	3	12.5%	2	13%	2	20%
职业生涯	领军型人才	6	25%	2	13%	2	20%
	骨干科研人员	9	37.5%	6	40%	3	30%
	青年科研人员	9	37.5%	7	47%	5	50%

表 2　调研基本信息表

机构类型 \ 调研情况	调研机构	调研对象		
		一线科研人员	科研管理人员	合计
高等院校	济南大学	11	4	15
	青岛大学	7	2	10
	小计	18	6	24
科研院所	山东省科学院	9	1	10
	山东省医学科学院	4	1	5
	小计	13	2	15

续表

调研情况 / 机构类型	调研机构	调研对象		
		一线科研人员	科研管理人员	合计
国有企业	中国重汽卡车股份有限公司	2	3	5
	浪潮集团大数据流通与交易技术国家工程实验室	4	1	5
	小计	6	4	10
总计		37	12	49

二、调研中的主要发现、问题及原因分析

（一）政策实施情况

根据国家科研人员激励政策相关文件精神，山东省也相应出台了系列政策，以期通过增加、丰富科研人员的获得感，提高科研工作效率和科学研究水平。山东省出台的主要相关政策如下。

2016 年山东省《支持重点企业加快引进高层次产业人才实施办法》印发，进一步发挥企业引才用才主体作用，对引进顶尖人才实行"一事一议"政策，面向全省遴选一批重点企业，对其引进的高层次产业人才可直接确定为泰山产业领军人才，助推企业提升引才竞争力，加快构建了更加灵活开放的引才机制，进一步增强了山东省引才竞争力。

2017 年山东省出台《关于完善财政科研项目资金管理政策的实施意见》，提出下放差旅费、会议费、咨询费管理权限；科研项目实施期间，年度剩余资金可以结转到下年使用等"接地气"的措施，为科研人员"松绑、减负"。

2017 年，山东省科技厅制定出台了《科技领军人才创新工作室管理办法（试行）》（鲁科字〔2017〕139 号）。该《办法》规定，为充分发挥科技人才创新创业创造的领军作用，决定建立荣誉激励与政策扶持相结合的科技人才支持

机制，并以科研人员名字命名"科技领军人才创新工作室"（以下简称"创新工作室"），表彰科研人员在科技创新方面作出的突出贡献。

2018 年，山东省科技厅制定出台《支持青年科技人才创新的若干措施》（鲁科字〔2018〕94 号），从鼓励青年科研人员从事基础科学研究、加强青年科技人才团队培育、支持青年科技拔尖人才开展关键核心技术攻关等方面出台了 12 条措施，积极构建支持青年科技人才创新创造的良好机制，加快壮大青年科技人才队伍，为全省新旧动能转换提供持续智力支撑。

2018 年山东省委办公厅、省政府办公厅印发了《关于加快实行以增加知识价值为导向的分配政策的实施意见》（鲁厅字〔2018〕12 号），解决科研机构和科研人员最关心、最期待解决的问题，比如实际贡献与收入分配不完全匹配、股权激励等激励作用长期缺位、内部分配机制不健全等问题，通过发挥收入分配政策的激励导向作用，支持科研人员依法依规适度兼职兼薪和离岗创业取得收入，让智力劳动获得合理回报。

2018 年山东省政府印发了《关于加快全省技术转移体系建设的意见》（鲁政发〔2018〕13 号），旨在推动科技成果转化为现实生产力，加快建设全省技术转移体系。

2018 年，山东省委组织部出台《关于进一步激励高层次人才挂任科技副职的若干措施》（鲁组字〔2018〕55 号），从提升人才项目对接服务、加大科技创新支持力度、强化工作实际成效奖励、提高工作生活保障水平、优化成长进步环境等 5 个方面提出了 12 条具体措施，进一步完善对科技副职的激励措施。

（二）政策供给感知与效果分析

为有效地把脉山东省政策落实的现况，课题组以 49 名科研管理人员和一线科研人员为调研对象，以政策的知晓、受惠程度、获取渠道和满意度等为询问维度，统计山东省科研人员对政策供给的感知，测量科研人员对现行政策供给的满意度。

1. 政策知晓度高

本次调研结果显示，科研人员基本了解相关政策条款的内容，政策知晓度整体较高，平均达到 96%（其中高校 99%、科研院所 98%、国有企业 91%）。

2.政策获取渠道多元

政策信息获取渠道呈多元性。从政策的宣贯扩散走向、创业者获取政策信息的主动性与被动性看,山东省科研人员获取政策信息的渠道方式主要有三种:一是源自用人单位政策信息推送,二是借助政府电子政务平台政策信息的发布,三是从公共关系网络获取信息。

3.政策受惠程度较高

调研表明,科研人员享受利好政策获得实惠的程度较高,主要集中在科研人员感知及享用资助奖励型、服务支持型和荣誉称号政策获得的实惠。

4.政策满意度较高

高校、科研院所和企业科研人员对现行政策制定和执行的整体满意度达到91.8%(其中高校90%、科研院所95%、国有企业90.5%)。不满意的要素主要集中在政策制定层面的受惠条款准入门槛高、政策设计欠连续性及操作性等方面。

总体而言,山东省科研人员对山东省现行政策供给总体较为满意,对人才、资金、服务等政策安排有较高的认知度;能够通过多元渠道获取政策信息;享受了资助奖励、服务支持和荣誉称号类利好政策的实惠。

国家和省相关政策出台后,赋予了科研人员在项目管理、分配奖励等多个方面的自主权,不仅激发了科研人员的创新活力,使得科研人员可以集中精力做科研,也切实解决了科研人员利益分配方面的问题。

（三）政策短板和问题约束分析

在调研中,调研组也发现一些政策实施过程中存在的问题。在对科研管理人员的调研中,发现的突出问题集中在科技成果转化、人才流失和离岗创业、兼职兼薪方面。在对科研一线人员的调研中,发现问题集中在职称评聘、引进人才、人才成长等和科研人员切身利益相关的方面。

1.科技成果转化问题

通过调研发现,被调研单位均在落实政策方面做了大量的工作,制定了系列改革和落实措施,受调研单位均重视科技成果转化工作,鼓励科技成果转化。虽然有若干个转化亮点,但是从实施的效果来看整体转化工作成效不是太好，成果转化率不高，尚未取得有重大影响、重大经济社会效益的科技成果转移转化。

成果转让方的主要问题如下。

（1）科技成果价值评估没有权威的政策依据或者科学的评价标准，目前各受调研单位在科技成果转化具体操作中一般实施议价、评估作价等方式确定拟转化成果的价值，一定程度上存在不科学性和不准确性，因此各调研单位对转化重大科技成果均持谨慎态度。

（2）成果转化收入分配中，虽然政策规定可以由成果所有人或团体提取收益，但个人承担的所得税税率较高（25%～45%），一定程度上削弱了科研人员的积极性。

（3）相较于从事科研应用型专业领域的科研人员，由于从事基础性科学研究专业的成果直接转化为社会需求比较困难，甚至无法转化为社会需求，导致从事基础性研究工作的科研人员收入普遍偏低，科研人员在申请课题时更倾向申报短期应用型课题，不愿申报基础研究型的课题。而基础研究是科技创新的源泉，基础研究的薄弱必然再次导致难以产生高水平科技创新成果，从而形成一个循环死结。

外部成果受让方的问题主要是：受让方对成果的期望值很高，希望投资少、见效快的思想十分普遍，追求短期快速的收益，不愿承担转化过程中的潜在的经济风险和时间成本。

2. 人才流失问题

受调研单位近几年科研人员流失，特别是高层次人才、领军人才等科研骨干力量流失情况比较突出。

在山东某高校的调研中发现，近三年流失的科研人员都是科研成果突出者，均有博士学位，均主持过国家课题，大部分都是有省级或者国家级"帽子"称号的人才，大部分流向是南方发达地区。

在山东省直某公益二类事业单位性质的规划院调研中了解到，2016年至今先后共有7名博士辞职，占博士人员总数的50%，其中6人前往高校任教，1人攻读博士后，人才流失对本单位的职能发挥产生了明显不利影响。

分析原因，本报告提出的观点是：国家大规模科技资源投入背景下，不同科技资源势差之下存在吸引和集聚现象。这种现象是由于科学研究活动有明显的人随资源走的特点，这既是科学研究规律，也是经济规律。在高校主要表现在南方高校吸引山东本地高校的优秀人才，在省直事业单位主要表现在省内高校吸引省直科研单位的优秀人才。

（1）优厚的人才待遇成为人才流动客观上的主要动力来源。以山东省为例，随着高校人事制度的不断改革，体制机制更加灵活、宽松，同时伴随着国家"双一流"高校建设启动实施和快速发展，高校对人才尤其是高学历人才的需求更加强烈，加之充足的经费来源，高校一再加大安家费、科研启动资金、住房保障、家属安置、子女上学等方面吸引人才的举措，更有山东省内部分高校提出了安家费最高110万的诱人条件。相比较，省直科研事业单位在薪资待遇、科研经费等各方面完全处于劣势。

（2）工作环境和政策抵消效应。党政部门直属的科研类事业单位人员具有双重身份，一是科研人员，二是公职人员，且在一定程度上公职人员的身份效力高于科研人员，当以激励为主的科研系列政策与以约束为主的公职系列政策相互碰撞的时候，很容易产生抵消效果。比如山东省济南市出台的一些面向博士等群体的优惠政策，由于省直部门的人才不属于济南市管辖，则不能享受有关政策。党政部门直属科研单位的经费严格按照行政模式管理，在调研中发现某单位的科研人员甚至放弃了参加任何学术会议的机会，而放弃的原因则是没有依据可以报销学术会议的费用。再比如一些科研事业单位由于具有党政背景，在行业内和学科内具有较高影响力，完全有能力也有意愿举办一些高质量的学术会议等品牌活动，但碍于会议费等经费使用须按照"三公"经费管理，因此很难具体实施。工作环境方面，党政部门直属事业单位科研人员还承担着一定的公共管理职能，工作压力较大，比如前面提到的某规划院，"5+2""白加黑"的工作状态已成为日常。相比较而言，高校总体工作环境较为轻松，工作自由、个人时间充足，特别是对于青年博士等优秀科研人员的吸引力较大。

3.兼职兼薪问题

在科研人员离岗创业、兼职兼薪方面，党政部门直属科研单位与高校、科研院所等单位不同，党政部门直属科研单位在执行兼职兼薪方面十分谨慎，而其他受调研单位都有支持政策，对积极响应科研人员离岗创业和兼职兼薪等，鼓励科研人员到对口的企业挂职科技副总等。但在具体落实过程中，本职工作和兼职工作及相关待遇如何协调平衡等方面存在实际困难，科研人员对未来发展也存在一定顾虑。

实际落实中，不同类型科研人员对兼职兼薪政策响应程度也不一样。一方面，应用型研究的科研人员积极参与产学研的系列活动，并无明显的不利影响，反而通过社会挂职锻炼等形式能够更加清楚地了解技术需求和研究方向，为自己日后的研究找到突破口和发力点。但另一方面，在高校工作的有的科研人员创新创业的待遇没有得到很好的保障，科研人员对离岗期间及期满之后的编制、身份、人事关系、工龄计算、档案工资正常晋升和职称评定等问题存在着很多顾虑。同时高校科研人员以教师为主，教师的实际经验与社会和市场需求脱节，对市场不了解，理论经验丰富，但缺乏实践经验。

4. 职称评聘管理问题

在调研中发现的问题有以下几方面。第一，科研绩效考评管理不够科学，科研团队与个人科研绩效考核流于形式，主要原因：一方面在于绩效指标设置不合理，部分用人单位未能建立健全科技人才分类评价标准；另一方面就是绩效结果应用不合理，考核结果与绩效奖金没有真正挂钩，奖惩不够分明，没有树立正确的科研绩效考核观念，科研绩效考评有效性不明显。第二，职称评聘机制固化，职称评聘标准单一，评审难度逐年增加，大多以科研成果为主导，过度关注论文发表的期刊级别与数量，而忽视工作研发内容；同等科研条件下，侧重"论资排辈"，使优秀的科研人才不得不因年限问题"熬资历"；评审过程中竞争激烈，存在人为因素干扰评审公正性的可能。

科研人员职称评定和考核晋升主要看重的是纵向科研项目和科学引文索引（SCI）收录论文。该政策有利也有弊，职称评定具有指挥棒的作用，强调纵向科研项目和SCI收录论文有利于鼓励老师专心科研及提升学校的科研影响力和排名，但是也会导致老师们重科研、轻教学。对于综合性大学，不同学科领域发文章难易程度不同，但并未分学科评比。当前山东省正在计划陆续出台优化科研评价、职称评审等相关工作的政策，比如山东省有可能出台新的自然科学系列职称评审条件，相信随着政策陆续出台，以上情况会得到改观。

5. 人才引进与培养人才的关系

山东省出台了很多支持和激励计划，对引进的毕业生在补贴、购房、子女教育等方面出台了系列政策，各个单位也有相应的激励计划。但高层次人才引进政策面对对象范围太窄，要求太高，惠及面小，如要求全球排名前100的高校的博士毕业生方可享受在济南购房的补贴政策。

高层次人才引进办法力度较大，但对本土优秀人才的支持和激励不足。比如在调研中了解到，山东某高校培养了一名本土"泰山学者青年专家计划"人才，但由于是本校培养，学校对其本人并无较大力度的激励政策，而如果该名教师选择跳槽到其他高校且有高校同意引进，则引进高校会有明确的、力度颇大的激励政策。又比如山东某院所也培养了一名"泰山学者青年专家计划"人才，该院所对该人才也无力度较大的激励政策，该人才后与山东省另一高校签订了人才兼职引进协议，兼职引进该人才的高校给予他优厚待遇。"墙里开花墙外香"成为较为普遍的人才现象。

在高层次人才政策引导下，受调研单位虽然引进了一批海外、省外专业技术人员，但引进的真正有影响力的顶级人才较少，引进人员中所占比例较大的是海外培养的博士或博士后人员，但该类引进人员科研能力参差不齐，部分引进人员为"职业跳槽专业户"或包装为具有"创新能力"的海外专家，对科研事业没有实质上的推动能力，甚至出现"钻空子""谋帽子""跑路子"的现象。为此，山东省科学院规定在引进外部人才时，拒绝引进已经连续"跳槽"2次的人才。

相反，因为名额、政策等多方面限制，本土优秀人才即便在超过引进人才科研水平的情况下，也难以脱颖而出，造成大量本土人才埋没或资源浪费，严重挫伤了本土优秀科研人员的工作热情。

6. 成熟型人才与成长型人才的关系

高校和科研院所是高水平人才聚集的组织，职称评定通道过于收紧，导致大量科研人员职称评定积压现象较为严重。然而，很多科研项目、人才项目的申请门槛条件是高级职称，导致很多青年科研人员无法作为负责人去申请相关项目，只能以参与人的形式去申请，而各类职称评审、人才申报等往往看重的是项目负责人，这就造成后续科研成果在职称评定、人才申报时无法作为有效支撑材料，从而进入一个非正向的循环，影响了青年科研人员的成长。

现阶段本土人才发展存在政策上的盲区，过于依赖海归或省外"引进人才"，相关政策已造成了科研人员所在单位和行政主管部门的双重损失。各级人才称号、人才项目、科研成果奖项等与物质利益过度挂钩现象突出，该制度往往导致本单位优秀人才由于没有"帽子"无法脱颖而出，反而形成无谓的内耗和成果浪费，导致科研人才和团队不稳定，影响科研的持续研发。

7. 薪酬福利激励不足问题

目前，国有科研机构技术创新人才收入来源以财政或企业专项拨款、科研项目与课题经费为主，经济支持力度有限，而科研工作任务重、难度大、时间长，收入分配机制存在"一刀切""大锅饭"的问题，技术创新人才投入与收获不匹配；技术创新人才大多集中在一、二线城市工作，生存压力较大，一定程度上制约了研发创新的进程。此外，针对技术创新人才中长期激励政策较为宽泛，在操作层面不够细化明确，国有科研机构在科技成果转化方面经验不足，往往只能借鉴咨询公司与同类型单位经验不断摸索。

（四）政策需求分析

从事科技研发与技术创新等科研人员具有极其鲜明的性格特质：具有较强的自尊心，对于通过知识创新提高生活质量、得到社会认可与尊重、体现自身社会地位与价值具有更高的期望；知识导向显著，具有坚定的科学精神与价值理念，追寻真理、公平正义与学术自由；工作自主性强，具有较强的能力提升需求；热衷于钻研创新，拥有理想和抱负，希望能够实现自我，成就梦想。正因为科研人员的以上特质，其在激励方面也有相应的需求偏好。找准科研人员在科研工作中遇到的"痛点"，还需要打通政策执行中的"堵点"，以进一步充分调动科研人员的积极性，充分释放其创造力，持续、有效率地提升这个"第一生产力"。

本次受调研的高校和科研院所多为事业单位，科研人员激励机制存在的问题如下。

1. 物质激励的政策需求

近年来，科研人员对薪酬待遇的不满愈发强烈，物质激励不足是目前研究型事业单位科研人员激励机制中存在的主要问题。一是薪酬制度死板，基本工资在岗位、薪级之间的标准差距小，无法从薪酬上体现出每个科研人员的科研贡献；绩效工资方面受事业单位绩效工资总量限制，且各单位自主实施绩效工资分配办法不完善，导致绩效工资分配并不理想。二是与从事相同专业领域的高新技术企业相比，事业单位的薪酬待遇水平普遍偏低，缺乏物质上的竞争能力，对人才的吸引力不足，培养好的科研人才容易被其他企业高薪挖走。

2. 职称评定的政策需求

第一，事业单位正式职工的工作具有稳定性，这是激励科研人员留在研究型事业单位工作的原因之一，但"稳定"往往是把双刃剑，稳定性在降低人员流失率的同时，也容易降低员工的上进心与积极性，部分科技人员产生了职业倦怠，降低了工作效率，影响了工作环境，有抱负的科研人员难展拳脚甚至跳槽，形成了"不是留不住人才，而是留不住优秀人才"的普遍现象。此种现象并不是个例，科研力量得不到更新和进步，严重影响了研究型事业单位的发展。事业单位的员工岗位受编制控制，各岗位受比例限制，"一个萝卜一个坑"，即使满足晋升条件也需要等到有岗位空缺时才可申请，晋升机会较少，难以调动人员的积极性，也难以吸引优秀的青年科研人才。

第二，事业单位的考核体系偏形式化，考核结果与绩效不挂钩，难以调动科研人员的积极性，事业单位的绩效工资总量通常按照年度拨付，使事业单位绩效考核评价指标通常以年度、季度为周期，导致科研人员更加注重短期利益，不利于长期的学术型研究，也不利于个人和组织的长期发展。此外，研究型事业单位对激励机制的认识不够全面、不够重视，在财务管理上套用行政管理的模式和规定，导致一些符合科研规律的工作因不符合经费管理要求而无法开展或难以开展，导致缺少完善的培训体系，科研人员继续教育工作不成体系，没有对科研人员制订专业性和针对性的培训计划，继续教育工作开展不及时、不稳定。

三、对策建议

通过本次调研，调研组对进一步完善激励与约束并重的科技人才激励政策体系提出以下对策建议。

（一）调整科研人员薪酬待遇

根据马斯洛的需求层次理论，物质基础需求是最基本的需求内容；赫兹伯格的双因素理论强调保健因素可满足生理需要与安全需要；亚当斯的公平理论指出，个人劳动付出与所得报酬所进行的对比将会对其工作积极性产生重要影响。党的十九大报告指出，我国社会主要矛盾已经转化为人民日益增长的美好生活需要和不平衡不充分的发展之间的矛盾。新形势下，技术创新人才对美好生活有着追求和向往，主要以保障日常生活的经济物质激励需求为主，以保证技术创新人才的社会尊严与生活质量为辅，组织应积极落实国家有关政策，给予其更有力的薪酬待遇与福利保障，从而达到激发技术创新人才工作积极性的正向效果。

一是适当提高科研人员绩效工资占比，特别是奖励性绩效工资（奖励性绩效工资占绩效工资的 70% 以上），设立科研带头人、科技骨干、科研关键岗等不同级别岗位，实行薪随岗变的薪酬管理制度，各岗位级别标准要拉开差距，打破"平均分配"的现状，充分体现各类岗位的人才价值。

二是通过逐步提高科研项目中科研人员绩效提取比例、增加项目绩效奖励，加大激励绩效工资的力度，激发科研人员的工作热情。

三是落实国家、省关于科技成果转化相关奖励制度，由于科技成果转化不受绩效工资总量的限制，可以凭借科技成果转化的形式提高科技人员待遇。

（二）完善绩效考核评价机制

第一，针对科研人员建立科学的、有针对性的绩效管理体系，根据科研人员的特点制定考核指标，重点提高科研项目申报质量、科研成果质量、科研队伍建设情况及单位服务与社会服务等方面的考核比重。着力克服唯论文、唯职称、唯学历、唯奖项等倾向，突出品德、能力、质量、贡献和业绩。实行代表性成果评价，突出成果的工程化、产业化、市场化水平和影响力。

第二，建立科研人员分类评价指标体系。对基础研究人才，重点评价其提出、分析和解决重大科学问题的能力，其代表性成果的原创性、前瞻性。对应用研究和技术开发人才、重大科研攻关人才，重点评价其核心技术、关键共性技术创新与集成能力，及其代表性成果取得的经济、社会和生态效益。对科技成果转移转化和推广应用人才，重点评价其科技、金融与市场要素整合能力，科技成果推广应用及产生的经济社会效益。对实验技术和科研条件保障人才，重点评价其工作绩效。

第三，注重团队考核，对于重大的科研项目，应把个人与组织目标相结合，以团队为考核对象，根据考核结果分配团队的绩效工资量，加强团队的合作性，促进组织与个人共同成长。

第四，制定合理的考核周期，实施短期考核与长期考核并行，避免只顾短期效益，注重组织与个人长远发展。

第五，及时兑现考核结果，将绩效工资与绩效考核结果挂钩，切实做到按劳分配和论功行赏，调动科研人员的积极性。

（三）增加科研人员的非货币报酬

随着科研人员需求层次的提高，在满足薪酬激励的基础上，注重科研人员的非货币需求，加大非物质激励，包括地位与赞美、培训进修机会及雇佣安全保障等。塑造单位文化，建立流畅的沟通渠道，灵活科研人员的工作时间，对科研人员充分授权，定期对科研人员进行心理疏导以缓解科研压力，为他们提供相对自主和宽松的工作环境，激励他们更好地从事科研工作。建立科学、规范的培训制度，合理定位培养目标。建立专门负责培训的岗位或部门，在制订培训计划时，充分了解科研人员和所在团队的需求，秉持"注重个人与组织共同成长发展"的原则，与培养对象共同制订培训计划，采取系统的、有针对性的培训手段和措施，并提供专业性强和多样化的培训；在培训过程中和结束后，要随时观察、记录培训对象是否能够按照培训计划进行，并及时收集培训效果反馈，用于以后的改进。

（四）提高团队专业化分工

贯彻执行《关于进一步完善中央财政科研项目资金管理等政策的若干意

见》文件精神，为科研人员配备财务助理。专业的财务助理从事项目报账更容易避免发生违规现象，工作效率也更高，为科研人员减少负担，把非财务专业的科研人员从项目报账工作中解脱出来，全心全意回归到本专业，专心致力于本职科研工作，不再为项目报销琐事分心。但在调研中也发现，财务助理人员的人力资源支出往往由科研团队自行负担，有的科研团队实力较弱，在配备科研助理上也存在顾虑。

技术创新人才需要团队合作，希望能够获得与组织的互动和同事的认可。此外，其对工作环境也有所要求，包括有利于思维发散与脑力创造的舒适、现代化的硬性工作条件，以及拥有公平宽松的管理环境、轻松灵活的政策制度、民主和谐的人际氛围等软性工作条件。当组织互动和工作环境与技术创新人才产生良好且积极的情感关联时，将在一定程度上预防或消除技术创新人才产生消极负面的情绪，或对其产生鼓励的、正向的激励效用。

（五）优化科研人员经费使用

强化科研人员主体地位，在充分信任的基础上赋予更大的人财物支配权。科研人员项目经费不再局限用于课题研究开发过程中所发生的费用，可按照相关专项资金管理办法规定，用于团队人才培养或引进、自主选题研究、改善科研条件、研修培训和对个人的专项补助或奖励等。简化科技人才项目任务书中经费预算编制要求，设备费之外的其他费用只填列专项经费预算总额和基本测算说明，不作具体科目概算。

放宽对党政部门直属科研事业单位的经费使用规定，不完全按照行政管理模式对科研事业单位经费进行管理，放宽报销科目范围，允许报销与科研活动密切相关的学术交流、成果出版等费用，将与科研活动紧密相关且必要开展的工作视为业务活动，不视为公务活动，将科研活动产生的会议费、培训费纳入项目费管理，不视为"三公"经费，不占用本单位"三公"经费指标。以科研经费的审计为主要领域，建立不同科技政策、项目政策出台部间的沟通协调机制，避免政策规定和政策适用上的不一致，避免不同部门对同一项科研行为管理和认定结果不同的现象。

（六）加强科研人员诚信管理

强化契约精神，严格按照任务书的约定逐项考核结果指标完成情况，考核结果作为项目调整、后续支持的重要依据。对考核不合格的，取消有关人才计划称号，收回科研人员支持经费；对考核优秀的，在后续人才项目支持等工作中给予倾斜。加大对科研不端行为的查处和惩戒力度，将严重科研不端行为记入"黑名单"并向社会公布，并对当事人在项目申报、职位晋升、奖励评定等方面采取限制措施，引导科研人员严格自律，优化人才评价环境。推进科研信用与其他社会领域诚信信息共享，实施联合惩戒。建立项目申报查重及处理机制，防止人才申报违规行为，避免多个类似人才项目同时支持同一人才。

（七）加大对党政部门直属科研类事业单位的关注

党政直属科研事业单位在科研单位和公共部门双重身份管理下，面临着既难以获得科技资源投入，又难以获得科技政策红利的"尴尬"局面。调研中了解到，中央层面和山东省层面党政部门直属事业单位均存在不同程度的人才流失现象，在一定程度上成为党政部门直属科研事业单位高质量发展的拦路虎，造成对人才的吸引力下降，对党和政府服务能力不足的现象。建议中国科协创新战略研究院加大对党政部门直属科研类事业单位的调查与研究，在推进国家治理能力和治理体系现代化的时代背景下，进一步探讨党政部门直属科研事业单位新时代发展模式与路径。

（**调研组：王　强　郭　霞　成妍妍　牛文文　蔡纯萧**）

山西省科研人员激励政策落实情况调研报告

近年来，国家和地方相应出台了《中共中央关于深化人才发展体制机制改革的意见》《关于实行以增加知识价值为导向分配政策的若干意见》《关于深化项目评审、人才评价、机构评估改革的意见》《关于深化职称制度改革的意见》《关于破除科技评价中"唯论文"不良导向的若干措施（试行）》《赋予科研人员职务科技成果所有权或长期使用权试点实施方案》等一系列有关政策，旨在促进科研人员增收、提升科研人员地位、激发科研人员创新活力，推动国家创新驱动发展。

本次调研将科研人员作为主要研究对象，分析上述一系列政策在实施过程中会遇到哪些问题，以及科研人员对于未来政策的走向存在怎样的需求。

一、调研基本情况

本次调研以科研人员分布较为密集的当地高校、科研院所、国有企业为主要调研机构，并结合山西省具体情况，选择了太原重型机械集团有限公司为国有企业的代表案例，以山西省机电设计研究所、山西省社会科学院为科研院所的代表案例，以山西大学、太原师范大学为当地高校的代表案例，通过设计座谈会提纲，在这些机构举办座谈会的形式，对三类机构的 33 名科研人员代表分别开展调查研究，具体情况如表 1 所示。

表 1　调研基本信息汇总表

机构类型 ＼ 调研情况	调研机构	调研对象		
		一线科研人员	科研管理人员	合计
高等院校	山西大学	5	0	5
	太原师范大学	5	2	7
	小计	10	2	12
科研院所	山西省机电设计研究所	5	0	5
	山西省社会科学院	10	1	11
	小计	15	1	16
国有企业	太原重型机械集团有限公司	4	1	5
	小计	4	1	5
总计		29	4	33

座谈会一是探讨中共中央办公厅、国务院办公厅印发的《关于实行以增加知识价值为导向分配政策的若干意见》及山西省出台的 14 个配套政策落实效果。二是对影响科研人员创新活力的激励机制问题进行分析。调查从微观到

宏观，在与科研人员进行深入交流的基础上了解科研人员对于自身在个人、组织、社会三个层面所处现状的认识，并以政策颁布时间为节点，对比政策实施前后的变化，探讨当下实施的政策仍有待改进的地方。通过设置由浅入深的层次，提出一系列封闭性问题和开放性问题，保证了对科研人员现状和政策实施效果的充分了解，对科研人员倾诉自身诉求提供了有效的通道，使得座谈会得以有效进行。

首先，在个人层面，以"福利待遇"和"名利声望"两方面为主线，在物质方面，从科研人员的工资、科研奖励、绩效、股权激励等方面入手，在精神方面，从职称、获奖情况、名誉奖励等方面入手，了解科研人员的物质和精神奖励现状，问题设置上力求全方位、多角度对科研人员的现状进行提问，同时兼顾科研人员在政策实施前和实施后的获得感的变化，通过对比深入了解政策实施效果。其次，在组织层面，以科研人员的发展前景、管理制度、科研投入等因素为主，了解各单位制定的员工职业发展路线是否合理、人才管理模式是什么、人才流入和流出情况如何，以及各机构科研投入（基础设备、软件投入等）情况如何，判断这些因素对影响科研人员实现创新活力和获得感的重要性。再次，在社会层面，分为经济发展水平、政策环境、科研环境三个层次，深入探讨当地的经济发展水平是否与科研人员工资收入成正比关系，产权保护、人才政策等政策措施是否会对科研人员产生激励作用，良好学术环境、社会氛围是否有利于提升科研人员声望地位。最后，将调研结果与当下实施的政策相对比发现其中存在的问题，为以后的政策制定提供参考，更有效地提升科研人员的创新活力和获得感。

二、调研主要发现分析

（一）物质方面

1.科研人员工资收入较低

科研人员收入主要由基础工资和绩效工资两部分组成，其中基础工资主要由科研人员的职称决定，绩效工资主要根据科研人员从事的产品项目数量及收益决定。以山西省某国企为例，近几年来普通工程师、高级工程师的基础工资为 3600 元和 4600 元，职称补贴分别为 100 元和 200 元，奖金主要根据本企业奖金绩效管理办法，即参加产品项目工作量、绩效划分。该国企技术中心的高级工程师反映目前工资待遇没有达到预期，智力投入与收入不成比例，希望工资可以达到全国平均水平。山西省某研究所的研究人员反映山西省科研人员待遇偏低，与当地高校科研人员收入差距仍然很大，同样为研究员，山西省研究院所的比大学的工资要少很多。山西省科研人员总体收入尽管逐年上升，但涨幅有限，总体收入水平仍然较低。纵向来看，山西省科研人员平均工资呈现逐年上升的趋势，从 2013 年的 5.08 万元上升至 2017 年的 6.79 万元。横向来看，与本省就业人员平均工资相比，山西省科研人员平均工资高于非私营单位就业人员平均工资。从全国平均数据来看，2018 年的城镇非私营单位科研人员与技术服务业工资在行业排名中为第三，而山西省的城镇非私营科研人员与技术服务业工资在本省行业中排名第四。但与全国科研人员平均工资相比，山西省科研人员平均工资仍处于较低水平，在 2017 年仅占全国科研人员平均工资的 57.01%。同时，山西省科研人员平均工资的涨幅整体上低于全国科研人员平均工资涨幅。如表 2 所示，2016 年，山西省科研人员平均工资增长率为 14.00%，全国科研人员平均工资增长率为 12.63%，政策效果显著。但2017 年这两项增长率分别为 3.91% 和 9.21%，山西省科研人员工资增长后继动力不足。

表 2　2013—2017 年科研人员年平均工资

年份	山西省科研人员平均工资 / 万元	增长率 / 万元	全国科研人员平均工资 / 万元	增长率 / 万元
2013	5.84	—	8.94	—
2014	5.82	−0.34	9.56	6.48
2015	6.28	7.90	10.61	10.98
2016	7.16	14.00	11.95	12.63
2017	7.44	3.91	13.05	9.21

资料来源：EPS 数据平台。

2. 科研人员与管理人员收入水平差距较大

在实际调研过程中，一些国企和科研院所的研发人员均表示单位管理岗位收入比研发岗位每月高出不少，这种失衡的工资结构抑制了他们的创新积极性。据国家统计局发布的数据（表3）可知，我国规模以上企业中层及以上管理人员（在单位及其职能部门中担任领导职务并具有决策、管理权的人员）平均工资普遍高于专业技术人员（专门从事各种科学研究和专业技术工作的人员）。如科学研究和技术服务业专业技术人员工资为142144元/年，而中层及以上管理人员工资为260853元/年。我们用"专业技术人员工资/中层及以上管理人员工资"来衡量岗位间工资差异，比值越大，岗位间工资差距越小，反之亦然。结果发现，科学研究和技术服务业专业技术人员工资与中层及以上管理人员工资相对差距在各行业中排行第三，说明科学研究和技术服务业科研人员工资与管理人员工资比例失衡。《山西省建设人才强省优化创新生态的若干举措》等政策明确指出，要提高科技研发人员、高技能人才薪酬水平，科技研发人员薪酬平均水平要高于企业管理人员薪酬平均水平。

表3 2019年分行业分岗位就业人员年平均工资

（单位：元）

行　业	规模以上企业就业人员	中层及以上管理人员	专业技术人员	岗位工资相对比例	工资差距排名
全部	75223	156892	105806	0.674	—
采矿业	85488	164076	108039	0.658	12
制造业	70494	145417	101095	0.695	14
电力、热力、燃气及水生产和供应业	110822	196693	127987	0.651	10
建筑业	60857	110833	72532	0.654	11
批发和零售业	79789	160783	101185	0.629	9
交通运输、仓储和邮政业	92196	171681	135460	0.789	15
住宿和餐饮业	48009	96448	58102	0.602	8

行　业	规模以上企业就业人员	中层及以上管理人员	专业技术人员	岗位工资相对比例	工资差距排名
信息传输、软件和信息技术服务业	160170	315922	186880	0.591	6
房地产业	76878	163187	96744	0.592	7
租赁和商务服务业	79900	250862	127636	0.508	1
科学研究和技术服务业	135412	260853	142144	0.544	3
水利、环境和公共设施管理业	51848	139201	95179	0.683	13
居民服务、修理和其他服务业	52049	139336	72415	0.519	2
教育	85229	160745	89139	0.554	4
卫生和社会工作	86437	149401	87905	0.588	5
文化、体育和娱乐业	105815	188413	165423	0.877	16

资料来源：国家统计局。

3. 绩效没有统一标准

调查结果显示，山西省高校、科研院所和国企等单位设定的绩效都强调工作量，科研院所和国企对科研人员绩效没有规范算法、统一标准，无法反映科研人员实际贡献。随着相关政策的颁布和实施，山西省高校近年来对这一问题重视程度提高，一些高校明确了绩效标准，根据科研人员工作内容及工作数量计算贡献分数，并给予相应奖励。但在科研院所、国企等单位，其科研人员反映单位绩效注重工作数量，一件工作的完成与否主要以最终成果为衡量标准。但科研工作以脑力劳动为主，不同的科研项目难度不同，对此所付出的精神劳动是不同的，若只注重工作数量，对不同程度精神劳动的付出不能准确衡量。如有些科研人员为此加班到凌晨的超额工作时间不能在最终成果上体现。因此单纯追逐工作数量致使科研人员收入与贡献度不符。山西省某研究院科研部副研究员认为，科研工作有其特点，主要反映脑力劳动而不是体力劳动，不是一直工作就能获得成果，有时需要思考被认为消极怠工，有时发现研究突破口加班到凌晨一两点却不被认可。管理人员对科研人员精神劳动认可程度太低，强调工作时长而忽视了工作质量，无法反映科研人员真正贡献。

4. 科研经费投入不足

一些国有企业及科研院所有关科研人员均反映本单位的组织文化建设较好，同事关系融洽，但是基础设备老旧、软件投入不足，科研人员在进行科研开发时常因硬件条件不足而受阻。例如科研人员反映，单位未为其申请知网账户，每当进行科技研究查找资料时，需自费到知网下载期刊、论文，这对科研人员是笔不小的费用，为科研人员进行科技研发带来了阻碍。同时，科研人员反映本企业或单位部门硬件设备老旧，电脑及大机器设备大部分已使用 7 年以上，硬件设备使用年限较长，更新速度慢，不利于科研人员进行科技研发。与之相比，一些高校硬件设备配套较完整，科研人员也可将科研所用经费进行报销，但报销审核流程严格、烦琐的过程也在一定程度上打击了高校科研人员的科研热情。

（二）精神方面

1. 荣誉称号颁布数量过少，配套奖励不足

以"山西省优秀科技工作者"称号为例，2019 年山西省仅对 100 名科技工作者授予"山西省优秀科技工作者"称号，对其中 10 名作出重大贡献的中青年科技工作者授予"山西省十佳中青年优秀科技工作者"称号。相对于山西省30 余万科研工作人员，荣誉称号颁布数量过少，无法真正形成激励效果。本次调研的一些科研院所、国有企业每年都有科研人员获取省级奖，但没有人员获得国家奖。单位对获得荣誉头衔的人员奖励跟国家一致，无额外激励。部分单位每年评"优秀新人""带头人"等荣誉称号，但奖励获奖科研人员的奖金仅为工资的 20% 左右。对于无奖励金额的荣誉称号，科研人员认为这类称号是对他们认真工作的肯定和激励，重视程度与称号级别的高低成正比。但他们认为激励机制应当要务实、从实际出发，有配套的奖励金额更容易发挥激励效果。此外，年轻的科研人员更需要得到认可，因此对这类称号更易于接受，激励性更强。高等院校则会对获得国家级、省级奖项的科研人员提供配套奖励。

如太原师范学院对完成国家级项目的科研人员给予 3 万至 50 万元的奖励；对完成省级项目的科研人员给予 0.3 万至 5 万元的奖励。

2. 晋升机制差，高级职称收益不足

相较于高校相对完善的晋升机制，一些科研院所、国有企业的科研人员职称制度中存在评价标准不够科学、评价机制有待完善、入选条件过于严格的问题。对于普通科研人员，在考核晋升机制方面没有足够的上升空间。由于严格的评定条件，科研人员无法顺利实现晋升，常常需要在冗长的程序执行后才可晋升。例如山西省某研究设计院研究员反映，在晋升高级工程师时对于所获得证书的资格认证非常严格，证书颁发单位只指定两个部门，其余均不认证。并且在递交晋升职称相关材料时，常需本人持相关材料前往多个部门递交材料以认证材料真实性。因此对于科技人员来说，晋升过程费时费力。为全面落实党的十八大关于人才工作的总体要求、基本思路和重点任务，推进人才工作创新发展的目标，2013 年山西省人力资源社会保障部以"转型跨越发展"和"三名一强"为奋斗目标，致力将山西省打造成各类人才纷至沓来的"人才引领新高地"。为此，山西省大力开展人才引进工作，面向全国引进 100 名"985""211"院校硕士以上高校毕业生。在装备制造、医药化工等重点领域，加大引进高层次外国专家力度，积极实施"高端外国专家项目""山西省重大人才工程"等项目，引进一批能够促进山西省科技进步和增强自主创新能力的高层次人才。但在 2013 年一系列政策下达后，所调查科研院所、国有企业的高级职称人数虽有显著变化但其工资补贴提升幅度并不明显。如山西省某研究所科技人员从中级职称晋升到副高级职称后基础工资上涨 300 元，副高级职称晋升到正高职称工资上涨 300 元。反观高校工资补贴提升效果显著。如山西省某大学科技人员从中级职称晋升到副高级职称后基础工资上涨 800 元，副高级职称晋升到正高级职称工资上涨 1000 元，同时奖金福利也随之上涨。此外，科研院所、国有企业获得高级职称的科研人员声望地位虽然有所提升，但在科研决策过程中，科研人员的话语权还是不足。

3. 人才管理制度落实较差、发展前景较不明朗

经调查，多数高校、科研院所、国有企业均设有人才管理制度，如①人

才奖励制度：科研人员在获得省级、国家级奖项后可以获得相应级别的物质奖励；②人才培养制度：本单位科研人员在职工作规定年限后可获得晋升资格。但这些制度落实较差，科研人员对其认识不足。很多机构也均设立荣誉称号激励科研人员进行科研创新，荣誉称号设置数量多、种类广，称号设有不同级别的评选标准。科研人员反映，虽然单位设立"技术带头人"等称号来带动科研人员工作积极性，但总体制定的基于科研人员长远发展的员工职业发展路线较不明朗。同时单位对新员工培训学习支持力度不足，专业性有待加强。

4. 奖励性政策单一

山西省一些高校近年来设置了一系列奖励性政策。以山西省某高校为例，在科研方面，根据论文级别、项目级别等标准给予不同的现金奖励，如对于在符合标准的国际 ISSN 刊号和国内统一 CN 刊号的正式期刊上发表的科研论文，根据论文级别，给予 0.2 万至 6 万元奖励；以该高校作为唯一专利权人或软件著作权人，按不同类型对第一完成人给予 0.5 万至 3 万元奖励；以该高校为唯一或第一单位立项的科研项目，根据项目级别，给予 0.5 万至 5 万元奖励。在培养方面，针对研究生培养，该高校对研究人员给予论文开题费 800 元、论文指导劳务费 1650 元等，针对本科生培养，学校对研究人员给予监考费 200 元、代课费 500 ~ 3000 元，理科实验班导师补助 1500 元；在其他方面，设置年度精神文明奖并给予 18000 ~ 20000 的物质奖励，对兼职编辑人员给予编校费 1500 元。在调研中，该高校助教表示希望可以进一步丰富奖励性政策，更多地惠及青年科研人员。

目前山西省科研院所和国有企业的单位奖金以效益工资为主，但有些项目的间接效益无法直接衡量，从而在奖励上不能全面评估，最终影响到科研人员研发积极性。山西省某国企高级工程师表示，单位所获奖金主要跟效益挂钩，如根据产品项目的工作质量有设计费等类型的奖励。该单位另一名高级工程师表示单位虽然对获得称号的科研人员给予奖金，但不允许科研人员兼薪兼职。山西省某研究院结构设计部高级工程师认为单位奖励性政策不够多样化，缺乏对科技研发人员的股权、期权、分红等中长期激励。山西省另一研究院科研部技术骨干表示，单位没有其他奖励性政策，甚至对于获省级奖项的科研人员也没有配套奖励，这种单一的奖励性政策严重抑制了科研人员的积极性。

（三）其他方面

1. 收入分配关系不合理

调查结果显示，相较于山西省高校，山西省科研院所和国企等单位收入分配关系不合理。所调研几家单位科研人员均对单位的收入分配关系提出了质疑。山西省某研究院研究员表示，级别越高越容易获得收益和回报，获得感越强，而处于基层阶段的科研人员获得感特别差。多位受访的科研人员、工程师均表示单位科技管理岗收入比科技研发岗高很多。

2. 政策落实有待提升

一些科研人员反映，在《关于实行以增加知识价值为导向分配政策的若干意见》等相关政策颁布后并未感受到自身福利待遇的显著变化。具体而言，部分企业依然存在不允许科研人员兼职兼薪、科研成果转化收益与研发人员脱钩、科研人员没有科研自主权以及缺少晋升渠道等问题。目前，这些政策落实未取得实质性进展，个别政策、部分权限仍需进一步调整。

3. 政策宣传有待改进

山西省科研人员激励政策宣传投入虽已巨大，也得到社会各界的广泛认可，但在实地调查后发现，所调查单位的科研人员仍存在对政策了解不足的情况，单位科研人员、高层管理人员之间对政策的认识仍存在分歧。具体而言，虽然山西省很多政策已经很好地落实，众多补助已嵌入各类省市科技计划之中，但相当一部分获得补助的单位、科研人员并不知道享受了这些"政策红利"。

三、问题出现原因分析

（一）社会层面

1. 地区经济发展水平限制

一个地区的经济发展水平影响科研人员的工资待遇。该地区的经济发展迅速，意味着有能力为科研人员提供先进的科研条件、高水平的生活保障及充裕的科研经费，这会提高科研人员的真实收入。就全国而言，2019年山西省地区生产总值排名位于全国中下游，科研人员收入也低于全国平均水平。就山西省而言，2019 年太原市人均地区生产总值位居山西省第一，可以给科技人才更好的福利待遇，从而太原市科研人员工资收入也居山西省各地市之首。

2. 科研人员供需错配

2018 年，全国本科及以上学历毕业生人数为 12 万多，与 2017 年相比增加近 5000 人，增长比例为 4%。高校毕业生人数的增加为一般性科技人才供给提供了充分的保障。2018 年山西省部分城市人力资源市场职业供求状况分析报告指出，2017 年，山西省主要面向高校毕业生等群体的人才市场需求人数约为 120 万人，求职人数为 134 万人，求人倍率为 0.9，人才供给大于需求。由此可见，山西省并不缺乏一般性科技人才。然而，在高层次科技人才方面，山西省仍面临人才缺口。以太原市为例，据太原市人才交流服务中心北区 2017 年第三季度职业供求状况分析报告显示，2017 年第三季度，高级工程师（高级职称）需求人数为 209，而求职人数为 152 人，求人倍率为 1.37，人才供不应求。因此，由于科研人员供给数量过多，导致了科研人员工资整体水平较低。

3. 政策制度不够完善

据本次调研所得的调查结果显示，有 90% 的人认为山西省对科技人才的激励机制还需进一步改善，10% 的人群认为激励机制健全和很健全，所占比重较小。这说明山西省现行的面向科技人才的激励机制还有待完善，应加快建立更科学、透明的评定机制，不断建立健全完善的创新激励机制，使科技人才充分发挥自身的科研潜力，全身心地投入到科研事业中。

4. 社会氛围有待优化

据本次调研所得的调查结果显示，在受访的科技人才中仅有 5% 的科技人才认为自己处于"上层"或"中上层"，认为自己的社会地位处于"中层"的比例为 30%。由此我们可以看出，山西省的科技人才对自己的社会地位评价较低，可推断他们得到的社会认同度也较低。此外，在座谈会讨论中绝大多数科技人才认为学术氛围"一般"，仅有不足三成的受调查者认为山西省在"宽容失败的氛围""挑战学术权威的氛围""学术独立、不受行政干预"等方面表现较好，同时仅较小比例的科技人才认为"不好"，表明科技人才对山西省的学术环境不够满意。

（二）组织层面

1. 硬件环境受限

据本次调研所得的调查结果显示，在关于科技人才在工作硬件设施条件的调查中，对于业务活动经费和仪器设备的调查，60% 的科技人才认为业务活动经费充足，70% 的科技人才认为仪器设备充足，且学历较高的科技人才对工作硬件设施条件的要求更高。除此之外，认为仪器设备老旧、办公场所紧张的科技人才的比例为 15% ~ 25%。由以上数据可以看出，山西省科研单位的硬件条件已经基本满足科研的需求，但是在高精尖设备方面还有待改进。因此为了提高科研人员创新积极性，使他们能在科研上有所突破，应该不断完善硬件条件，如淘汰部分落后的科研仪器设备，大力引进高端设备，努力为科研人员提供良好的工作硬环境。

2. 软件环境受限

本次调研所得的调查结果显示，90% 以上的科技人才通过互联网、电视等渠道了解科技信息，通过学术期刊、学术会议、专业培训和同事交流等方式获取信息的科技人才比例也较大。同时，学历越高的科技人才获取科技信息的渠道越专业化。调查表明，65% 的硕士和 80% 的博士通过学术期刊获取科技信息。由此可见，山西省科技人员获取科技信息的渠道基本畅通。但调研报告显示，部分单位科研人员软件设备使用受限，如知网。因此，山西省科研单位的软环境急需改善。

（三）个人层面

1. 追求物质生活

物质主要是指个人的福利待遇，它是维持科技人才自身生理和成长的基本需要。按照马斯洛的需求层次理论，在人们多层次的需求中，生理需求是最低层次，也是最重要的，追求更高的个人福利待遇是每一个人才最基本的需求。科研人员作为一种高素质人才，在为社会作贡献的同时，也需要社会给予其物质方面的反馈，以此来弥补其必需的生活成本，如维持个人、家庭生活的必要开支，养老和医疗保障，个人住房及带薪休假等福利待遇。同时，随着物质世界的形式不断丰富，科研人才对物质世界提出的需求也日益提高，对未来更高生活质量的期待驱使科研人员追求更高的物质利益。

2. 注重精神追求

马斯洛需求层次理论提出，人的需求由五个等级构成，最高层次是自我实现的需要，当人们低层次的需求得到满足时，便会寻求更高层次需求的满足。在当下社会，科研人员通过创新研发活动，物质需求逐渐被足额的薪酬所满足，精神需求的满足就会变成下一步追逐的目标。据本次调研所得的调查结果显示，只有20%的科技人员表示愿意自己的孩子将来从事自己的职业，而明确表示不愿意自己的孩子将来从事自己的职业的比例高达60%，是前者的近3倍。可以看出，山西省科技人才对自身职业的满意度偏低，他们中大部分人认为自我实现的需求没有得到满足，最终导致科技人才流出本省、本单位的可能性较大。因此，通过社会、行业、企业等层面对科研人员实行名誉上的奖励，是对他们自身能力的认可和嘉奖，更容易使科研人员的精神需求得到满足。

四、对策建议

（一）物质方面

1. 提高基础性工资水平

基础性工资是科研人员重要的收入来源，稳步提高收入水平才能促使科研人员在物质方面逐步获得满足。针对不同类型研究人员采取不同的激励措施，对从事基础性研究和社会公益研究等研发周期较长的研究项目的人员，收入分配实行分类调节，通过优化工资结构，稳步提高基本工资收入；对从事应用研究和技术开发的人员，利用市场机制提升其薪酬水平，主要通过市场机制和科技成果转化业绩实现激励和奖励。对专职从事教学的人员，适当提高基础性绩效工资在绩效工资中的比重，加大对教学型、研究型名师的岗位激励力度。

2. 建立绩效工资稳定增长机制

在保障基本工资水平正常增长的基础上，建立绩效工资稳定增长机制，采用工作薪资激励、特殊福利、技术创新一次性奖励等激励手段，满足科研人员的多样化物质需求。对于国企、社会科学院的科研人员，鼓励科研人员兼职创业并在税收上给予优惠，规定科研人员获得的职务科技成果转化现金奖励、兼职或离岗创业收入不受绩效工资总量限制，不纳入总量基数。科研人员在岗、离岗创业，工资福利不受影响。对于高校，要加大对高校院所科研人员的激励力度，完善适应高校教学岗位特点的内部激励机制；把教学业绩和科研成果作为教师收入分配的重要依据；对专职从事教学的人员，加大对教学型名师的岗位激励力度；对高校教师开展的教学理论研究、教学方法探索、优质教学资源开发、教学手段创新等，在绩效工资分配中给予倾斜。

3. 发挥科研项目资金引导作用

承担财政科研项目是科研人员从事科研活动、获得科研经费的重要途径，项目资金中的劳务费和绩效支出管理使用起到了一定的激励引导作用。对于国企、社会科学院、高校三类主体，项目承担单位应当合规合理使用间接费用，结合一线科研人员的实际贡献公正安排绩效支出，体现科研人员价值，充分发挥绩效支出的激励作用。根据科研项目特点完善财政资金管理，加大对科研人员的激励力度，对实验设备依赖程度低和实验材料耗费少的基础研究、软件开发和软科学研究等智力密集型项目，项目承担单位应在国家政策框架内，建立健全符合自身特点的劳务费和间接经费管理方式。

（二）精神方面

1. 提升科研人员身份地位

提升科研人员身份地位，要对包括科研人员在内的表现突出、有显著成绩和贡献的事业单位人员授予荣誉称号，弘扬科研人员的先进事迹。高等院校要大力宣传科学家精神，高度重视"人民科学家"等功勋荣誉表彰奖励获得者的精神宣传，大力表彰科技界的民族英雄和国家脊梁，推动科学家精神进校园。对于国企、科研院所的科研人员，要在企业内部树立人才是第一资源的理念，加大创新型科技人才的培养、引进力度，重视高水平战略科学家、高端人才和科技领军人才，建立科研人员成长和职务晋升机制。

2. 扩大名誉称号奖励范围

现有科研人员中获奖人数占总体科研人员的比例过小，不易于刺激科研人员的创新积极性，可以在山西省内扩大科研人员奖励范围，建立定标定额的评审制度，分类制定以科技创新质量、贡献为导向的评价指标体系，根据科研投入产出、科技发展水平等实际状况，进一步优化奖励结构。通过优化科学技术奖励委员会组成结构，建立专家评审委员会和监督委员会。同时，可以提升评选活动的国际化程度，将对科技创新活动作出贡献的外籍科技工作者纳入授奖范围，邀请高层次外籍专家参与提名和评审，促使得到提名的科研人员所获名声的含金量更高。对于科技成果以理论和决策等形式为主的科研人员，可以通过改革优化哲学社会科学和决策咨询奖励制度，突出重大原创理论突破和重要决策咨询贡献，使这一类科研人员获得相应的非物质激励。

3. 健全职称评定体系机制

职称是专业技术人才学术技术水平和专业能力的主要标志。科学评价科研人员，根据其能力贡献赋予相应的专业技术职称，是激励处于职业上升期科研人员职业发展、加强专业技术人才队伍建设的重要方式。针对调研中提及的职称制度体系不健全、评价标准不够科学、评价机制不完善等问题，可以科学分类评价专业技术人才能力素质，突出评价专业技术人才业绩水平和实际贡献，丰富职称评价方式，推进职称评审社会化和下放职称评审权限。对于国企中存在的这一问题，可根据实际需要对工程系列相关评审专业进行动态调整，逐步将工程系列高级职称评审权下放到工程技术人才密集、技术水平高的大型企业，实现职称制度与职业资格制度有效衔接。对于高校和科研院所，科学设立人才评价指标体系，把学科领域活跃度和影响力、重要学术组织或期刊任职、研发成果原创性、成果转化效益、科技服务满意度等作为重要评价指标，树立正确的人才评价使用导向，正确发挥评价引导作用。

（三）其他方面

1. 创新收入分配激励机制

为解决收入分配制度机制不合理问题，以及单位在科研人才收入分配上"缩手缩脚"、不敢作为等问题，要引导科研机构、高校履行法人责任，按照职能定位和发展方向，制定以实际贡献为评价标准的科技创新人才收入分配激励方法，突出业绩导向，建立与岗位职责目标相统一的收入分配激励机制；落实科研机构和高校在岗位设置、人员聘用、绩效工资分配和项目经费管理等方面的自主权，积极解决青年科研人员和教师工资待遇低等问题。鼓励国企按照职能定位和发展方向，制定以实际贡献为评价标准的科技创新人才收入分配激励办法，突出业绩导向，建立与岗位职责目标相统一的收入分配激励机制，合理调节教学人员、科研人员、实验设计与开发人员、辅助人员和专门从事科技成果转化人员等的收入分配关系。

2. 完善科研人员管理制度

为提升科研人员能力，提高研究开发效率，应完善研发人员管理制度。国企、研究院需打通技能人才和工程技术人才发展渠道。建立评价与培养、使用激励相联系的工作机制，支持工程技术领域高技能人才参评工程系列专业技术职称，鼓励专业技术人才参加职业技能评价，企业在评定职称时要适当向高技能人才倾斜。高校可设置青年英才开发计划，培养扶持青年拔尖人才，并选拔拔尖大学生进行专门培养，给予自然科学领域拔尖青年人才高额的经费支持，给予哲学社会科学和文化艺术领域拔尖青年人才适量的支持经费。注重培养青年科学技术人员独立主持科研项目、进行创新研究的能力，培育基础研究后继人才，培养一批有望进入世界科技前沿的优秀学术骨干。

3. 保障人才政策实施效果

针对颁布的"人才新政"，为保障其实施效果，可以开展对各地区、各部门、各单位落实科技体制改革措施的跟踪指导、督查考核和审计监督，对落实不力的加强督查整改。对一些关联度高、探索性强、暂时不具备全面推行条件的改革举措，可结合实际先行试点，并及时总结推广行之有效的做法和经验。通过考核监督的方式，保障科研人员可以及时获取国家和地方政策的福利，切实提升科研人员的创新活力和工作热情。

（调研组：耿晔强　马海刚　赵旭强　赵　飞　郭　伟　李　晨　王　晨）

陕西省科研人员激励政策落实情况调研报告

科研人员是科技人才的中坚力量，是各项科技政策实施的关键环节，党和政府历来十分重视我国科技人才的科学发展、全面发展和长远发展。党的十八大以来，针对我国科研研究发展的现状和特点，中共中央办公厅、国务院办公厅及各部委相继出台印发了一系列的激励政策，如《关于实行以增加知识价值为导向分配政策的若干意见》《关于加强高等学校科技成果转移转化工作的若干意见》等，从扩大科研院所高校的科技成果管理自主权和收入分配自主权、提高科研经费使用灵活性、提升科研人员身份地位、减轻科研人员负担等方面，制定了一系列政策措施，对于全面系统地激励科研人员创新活力、促进创新驱动发展取得了积极效果。

中共十九届四中全会指出"完善科技人才发现、培养、激励机制，健全符合科研规律的科技管理体制和政策体系，改进科技评价体系"，给现今我国科技体制机制创新发展提供了高屋建瓴式的技术路径指引，也给当前科技领域竞争中的科研单位或团队以关键性启示：只有形成或具备完善的科技人才发现、培养和激励机制，才能更全面增强本单位或团队科技人才的创新发展活力。2020年7月，中共中央办公厅、国务院办公厅印发了《关于深化项目评审、人才评价、机构评估改革的意见》，将"三评"改革确定为我国科技评价制度改革的关键，在优化项目评审管理、改进人才评价方式和完善机构评估等方面提出了具体的指导意见和方法措施。

一、调研基本情况

在近十年我国科技领域体制机制全面深化改革的历史进程中，我国已基本实现对高等院校、科研院所、重点国企等单位科研人员创新创业的政策支持或扶持。各省（自治区、直辖市）一级相关职能部门能较好地结合本省区的实际，进一步做好"放管服"，在因地制宜引导、鼓励和支持科研人员创新创业等方面，也都取得了一系列成就，获得了省内外、业内外的肯定和好评。但从实践的成效看，具体细节工作仍有欠缺之处，区域科研管理的规划与实施也不均衡，并存有落差。中国科协对科研人员创业效果的一项评估显示，六成科技工作者有创业意愿，但真正创业实践的仅有 2.5%；而且东部沿海地区与中西部欠发达地区间的差距也很明显。那么，从科技领域科学发展的长远处着眼思考，当前影响科研人员创新活力和科研热情的影响因素有什么？哪些属于内部的、哪些属于外部的？一些关键因素的影响强度如何？这些需要课题组从本省科研人员的调研座谈中去发现、发掘和分析。

课题组主要通过实地走访调研、召开座谈会和发放问卷调查等形式，考察了解陕西省科研管理人员和一线科研人员激励政策的实施情况。课题组对陕西省 9 所高等院校、3 家科研院所、3 家知名省属企业的 61 名科研一线人员和管理人员进行了访谈，具体情况如表 1 所示。调研的重点，一方面是对陕西省科研人员的物质激励和非物质激励的现状进行总结，分析把握现行政策措施的政策效果、管理效能等；另一方面是关注陕西省科研工作者在科研双创领域的新诉求、新追求和新需求，探讨进一步改进人才激励机制的对策措施，为陕西省建设创新型省份、深入实施创新驱动发展战略服务。

本次调研与座谈的内容显示，科研工作者对科研人员激励政策的知晓度普遍较高且较为认可，受访的省内高校、院所和企业的科研人员对激励政策的整体满意度约为 85.87%。总体看，调研受访者们普遍认可现行科技激励政策对科研人员物质和非物质激励双要素的内涵表达，也一致认为让科研人员不失体面且合理提高收入的激励措施现在是、未来也是合理可行、行之有效的政策机制。从构建重激励、有约束、守底线的科技制度环境的实效性、长远性看，受访者们大都认为科研人员激励约束政策措施实施以来，总体成就喜人，未来或可更多关注弱势科研从业者的需求和诉求，在挖掘诸如青年科研骨干、科技团队技术开发人员等群体的科研潜力方面补充措施或政策支持。

课题组发放回收问卷调查的结果显示，在科研人员个体特征和单位特征中，性别、最高学历、职业身份、海外学习经历、单位科研成果需求程度水平、科研单位骨干稳定情况、科研单位出台的创新创业细则，以及科研成果处置政策和激励措施均具有显著影响；在外部环境中，科技人才评价机制、省科研诚信建立和实施情况、单位提供的创业支持条件、政府为科技人才提供的创业服务体系，以及当前以课题和论文为核心的考核评价方式为重要影响因素。

表1 调研基本信息汇总表

机构类型 \ 调研情况	调研机构	调研对象		
		一线科研人员	科研管理人员	合计
高等院校	西北工业大学马克思主义学院	2	1	3
	西北农林科技大学	2	0	2
	西北大学丝绸之路研究院	2	1	3
	西安电子科技大学	1	1	2
	陕西师范大学西北研究院	4	2	6
	西安建筑科技大学经管学院	2	0	2
	西安工业大学材料与化工学院	9	1	10
	榆林学院研究生处等	0	12	12
	渭南师范学院人事处等	1	2	3
	小计	23	20	43
科研院所	中国科学院地球环境研究所	1	1	2
	陕西省文物保护研究院	5	5	10
	陕西省社会科学院	2	0	2
	小计	8	6	14
国有企业	西北工业集团有限公司	1	1	2
	陕西法士特汽车传动集团有限责任公司	0	1	1
	西安曲江文化产业投资集团	0	1	1
	小计	1	3	4
总计		32	29	61

二、调研中的主要发现、问题及原因分析

改革开放以来，我国科技工作取得了辉煌的成就，积累了丰富优秀的创新发展案例和经验。更可喜的是我们的科研工作者越来越受社会尊重、越来越具备职业幸福感。

长期以来，科研人员反映待遇差，同时也有观点认为是科研人员作出的贡

献不够导致。课题组通过调研走访分析了陕西省不同领域科研工作者对精神激励和物质奖励的需求、追求和诉求，考察了陕西省各类科研人员在有关促进科研人员增收、提升科研人员地位、激发科研人员创新活力等政策实施过程中，在推动创新驱动发展的同时，获得物质与精神方面回报的实际情况与所面临的问题。初步了解了陕西省科研人员激励政策的实施现状，分析了影响科研人员积极性的内外环境因素、本源因素等问题。

从座谈调研结果看，陕西省受访科研单位均有科研绩效考核的具体细则，这些细则或办法能做到结合实际实时更新，各类激励体制机制的建立鼓励并保证了科研创新的效果，但是科研创新细则的优化、细化和强化仍有提升空间；绩效考核办法一定程度上优化了分配方案，体现了效率优先原则，但如何使荣誉激励方式方法的多样性、健康积极的价值观引领与之相配合，也需要科研管理者好好反思解决。

（一）调研中的主要发现和问题

调研中科研管理人员和一线科研人员间的一个明显的争论点在于，前者认为物质奖励已到位，但产出成果和获奖等不足，后者认为自身在单位科研过程中的贡献度并不能得到全面客观的体现。本项目的调研主要以陕西省科研人员为主要对象，了解和分析相关科技政策的实施效果如何，在实施过程中存在哪些体制机制的障碍和具体落实方面的困难，以及科研人员对于未来政策的走向存在怎样的需求和建议等。经过对陕西省属科研院所、省属高校 61 位科研管理人员和一线科研人员的调查访谈、问卷调查，分析影响科研人员激励政策实施之因素。

在相关省属科研单位的管理人员和一线科研人员的调查分析中，形成共识的是近年来国家和地方出台的促进科研人员增收、激发科研人员创新活力的政策，效果非常好，能够打破原有的分配机制。每个单位都有切合单位实际和学科特点的教学科研岗、基础研究岗位的相应细则。《陕西省引进高层次人才暂行办法》《西安市事业单位公开招聘高层次及特殊紧缺人才实施办法》等细则的发布实施，很大程度上激励了本土科研人员的创新热情，吸引了大批高层次人才落户西安，创新效果不断展现出来，不断激发科技人员的创新创造活力。

物质激励与倡导工匠精神可相辅相成，既讲了爱岗敬业的奉献精神，又满足了科研群体物质需求。于群体、个人而言，面子里子都有了；于全社会而言，营造尊重人才、礼遇人才的良好氛围。众所周知，科研工作是事业，也是职业，科研人员既需要科技工作的理想、情怀，也应感受到作为普通人和职业工作者的幸福感、尊严感、公平感。物质利益，包括薪酬待遇，是对科研人员工作付出的一种认可与回报，工匠精神成为这种幸福感、尊严感的内在本质。总之，让科研人员在物质和精神层面都获得与之付出相匹配的激励，才能传递尊重人才的政策导向，在全社会真正营造尊重人才、礼遇人才的氛围。

1. 科研人员激励政策引导出科研创造原动力，实用绩效功能突出

调研数据显示，超过 80% 的高校、科研院所、国企都从实际出发，优化了单位基础性绩效工资和奖励性绩效工资比例。超过 50% 的省属高校和 75% 的科研院所制定了成果转化收益分配、奖励、公示及异议处置制度，超过 90% 的高校和科研院所完善了横向课题经费的管理和分配办法，绩效支出得以向关键岗位、业务骨干和作出突出贡献的科研人员倾斜。75% 的高校通过实行自主分类评价，实施年薪制、协议工资等市场化工资制度引进了大批高层次人才。可以说，科研单位对在岗位上作出突出业绩和贡献的科研人员均有不同程度的奖励政策。奖励形式各有差异，物质奖励和荣誉称号都有设置，大多数以物质奖励为主，荣誉类评优优先来落实。可见高校和科研院所在科技成果处置、项目管理、分配奖励等多个方面的自主权加大，这些奖励与科研人员的职业晋升也有效挂钩。

总体上，本课题调研的科研单位，在业绩考核的导向、收入分配办法、职业晋升条件之间都有效挂钩，让有主动创新能力的科研人员获得了有效激励，获得了荣誉感、成就感。科研人员科研创新的主体地位能够得到有效体现，科研人员拥有真正的技术路线决定权，不存在研究导向限制或绑架的现象。科研财务助理制度通过不同的岗位设置，均设立了专职科研辅助岗协助科研人员开展财务报销、行政事务、科研管理等工作，基本能够满足日常科研工作和学术交流的配套服务。

2.科研激励过程同质化现象较突出，长效机制影响弱

高校科研人才评价指标同质化现象较严重。受访者普遍表示在各校激励机制的实际操作中，针对不同学科的青年科研人才在年度考核、职称晋升、岗位评聘、薪酬和学校有限资源分配等方面的评价指标均有同质化现象。座谈访谈中，90%的青年科研者均反映科研压力大、创新动力小。具体表现为从自身看处于科研上升期的青年人学术底子相对薄弱，获得较高水平成果的难度大；从学科科研的特性看，应用类学科易出成绩，而基础理论性学科难度相对较大。

调研中发现，面对我省青年科研者的激励政策实施存在以下情况和问题：①激励方式同质化、单一化。陕西省各科研单位在提高青年科研人才的激励上，大都首选提高绩效待遇，对青年长远规划、精神激励等则关注不够。这种注重物质激励而忽视精神激励的做法，在青年人才初始工作时效果较明显，但随着年龄的增长、收入的增加，激励效果会大打折扣。②人才评价指标重复、单调、不完善。大多省属科研院所对人才的评价普遍关注学历、论文、职称等少数几个指标，尚未建立起体现科研与管理等岗位职责、沟通业绩能力、独特贡献力等综合性评价指标体系。由于评价指标的单一性和成果转化的复杂性，以及在职称评审中对论文、奖项的硬性要求，促使青年科研人员只能看重科研论文和奖项，对科研的实际转化效果关注不够，这也是造成科研成果转化率低的一个因素。

上述问题显然不利于高校青年科研人才的专业与方向的定位展望，也不利于发掘科研人员的创新优势与科研潜力。从科研工作积极性看，实验人员、科研教辅人员的待遇有待提高，可以从岗位要求和管理、工作饱和程度等方面综合考虑，作为待遇提升的条件管理。

如何进一步帮扶青年科研人员成长，省属企业从企业文化传承这块做得相对更好，科研院所和省属高校就略显欠缺，受访者普遍表示，难点在于如何将激励措施进一步细化、专业化，从具体群体来具体分析并细化落实。统计数据显示，单位对成长期青年科研人员普遍有专门的支持政策，对领军型科研人才有待遇政策，但是吸引力不足，这一点和城市整体的定位、人均收入水平、经济消费能力及领军型科研人才的职业发展路径均有关系，筑巢引凤需要综合评

判，西部大量的人才流失到北上广深，有不同程度的科研人员认定的发展平台限制原因。对于本地区出台的高层次人才引进计划、本土优秀人才支持计划和激励计划的创新效果，相对知晓率和覆盖率不高，尚未达到引领效果。

3. 奖励措施结果导向明显，过程认定相对薄弱

访谈中，科研人员均表示现行职称评定和考核晋升中过于看重科研论文、著作的发表、所获奖项、课题成果等量化成果指标。这种科研考核评价机制的重心在以成果论英雄、唯奖项是从，但对于科研进程中付出的尝试、经历的失败等，没有合适的量化指标去评价和考核。过程认定相对弱化的现象固然与技术的制约有关，但只关注结果和奖项的评价导向也是造成整个科研创新重结果轻过程的重要原因。

从相关座谈中发现，科研人员关注省级以上专业奖项居多，诸如其他民间团体、公益机构等社会力量的奖项设置，科研工作者相对缺乏足够的了解。科研工作不同于生产性的制作工作、市场营销的推广工作，既有选择的挑战性，也有结果的不确定性。科研过程的艰辛与漫长，很难用结构量化的指标去评判；学科背景不同，科研的难度差异也大，实验性的科学和纯理论的学科要求本身也不一样，很难一把尺子量到底，因此仅仅通过成果给予三六九等的划分，容易造成重结果轻过程的现象。调研中受访者认为唯成果论的科研管理体系容易挫伤科研工作者的工作积极性。当然很难说更多地去理解和关注科研创造、科学实验的过程，尤其是走弯路的过程或者失败的过程，就一定会带来什么样的创新突破，但成果导向为主的价值体系、激励机制势必会导致过多注重应用研究而轻视基础研究。若长期如此政策效果必定会大打折扣，良好的科研生态环境也会受到严峻挑战。

4. 成果转化周期长、见效慢，转化环节薄弱

从本课题选择对象的座谈结果看，省属科研单位在成果转化方面的工作普遍是弱项，存在转化成果数量少、应用范围小的问题，这可能与西部区域的行业和单位属性有关。这些不多的可转化成果还存在转化周期长、见效慢的弊端，省级和校级科研管理者更多关注成果的社会效益与评价，而缺乏前期主动牵线搭桥的服务投入，导致产学研一体化的部分环节隔离脱节，科研成果转化

为现实生产力的过程效率低，影响一线科研人员的创新活力。各科研单位缺乏对成果转化细则激励的补充管理，在职称认定、职务晋升、荣誉奖励等方面缺少对科研成果转化的评价与认定；有些转化项目实施周期长、实际性产出见效慢，现行激励政策体系又过于关注结果，容易忽视或不能及时保证此类项目的动态认定等。这些尴尬情况在调研受访者中有提及，也是导致科研一线人员对某些科研成果实际转化工作主动性不强的因素。

5. 青年人才的培养过于求快，科研中坚的选择过于企稳

求快，主要是指对待青年科研人员尤其是"青椒（高校青年教师的别称）"们，因期望值过高导致往往忽视人才发展客观规律，过多采用揠苗助长式的人才培养方式、科研管理体制等。座谈调研发现，近几年陕西省高校和科研院所基础设施、科研条件等硬件水平发展成果喜人，但青年顶尖人才的培养求快的现象仍然没有从根本上解决，多出现过欲速则不达的尴尬现象，即过于求快，适合青年人才脱颖而出的管理环境还没达标，反而制约了青年人才的快速成长。

企稳，主要指调研中45岁以上的科研中坚力量在科研操作中的选择性问题，这涉及科研骨干的人才流动问题，集中反映在离岗创业、兼职兼薪的情况中。当非物质激励的对比显得苍白无力、无足轻重的时候，影响科研人员流动的关键就会过多集中于薪资福利、待遇水平的优劣比对。陕西省各省属事业单位薪酬待遇的平均水平普遍不高，培养出的优秀青年科研人才容易被更优质的高校、院所或企业高薪挖走。调研中的科研骨干群体大多为各单位的科研中坚力量。科研身份、工作职位、福利待遇等稳定性强是激励科研骨干人员留在本单位工作的一部分原因。过于企稳在降低人员流失率的同时，也容易降低上进心与积极性，容易产生科研倦怠的负面影响。只有感到拳脚难施的骨干科研人员才主动求变，离岗创业甚至跳槽，形成"不是留不住人才，而是留不住优秀人才"的现象。

调研中，座谈受访者普遍表示其各自单位中离岗创业、兼职兼薪的情况并不多见。具体原因除了上述科研中坚力量企稳选择的因素，还可能与科研管理层面信息采集与数据库建设不健全、一线科研人员有意漏报瞒报等有关。在有此类问题的科研人员身上，单位在实际工作中的支持程度也不统一，很多人员

的兼职兼薪存在漏报瞒报的现象，多数单位疏于管理，一定程度形成了政策的盲区。可以说，长久来看这种离岗创业、兼职兼薪对科研职业发展有非常不利的影响，科研人员没有将有效的精力投入到真正的科研工作当中。

6. 科研团队建设需进一步优化管理

科研单位优秀的科研成果往往源于优秀的团队，依靠团队成员的通力合作。经过调研，多数成果由负责人带队，统筹资金分配、任务安排，团队内部年终打分评比是否能真正公平、公允地体现团队所有的贡献付出取决于团队的分工是否科学。一般来说，团队成员晋升职称时，多要按课题参与的顺序算分计分。这种分配方法多少会存在一部分搭车现象，挂名的现象时有发生。

调研中受访人员的科研活动都具有团队合作的组织形式，科研活动多是在一个团队环境中进行的，同时也发现团队的荣誉奖励和绩效奖励并没有发挥出最佳效果。比如荣誉奖励方面，团队科研人员若入选国家或地方人才计划，获得国家或省部级的科技奖励，对省属科研单位绩效考核影响最大，院校两级特别重视；科研团队也有荣誉感、归属感，但不如前者，整体团队科研氛围有待加强。在绩效奖励方面，团队激励存在的一大难题就是团队成员的贡献度认定，现行绩效报酬大都以第一作者或第一完成人来认定论文或项目的归属，科研人员作为第二作者、第三作者等完成的工作往往打折扣计算甚至不计入成果，这并不利于团队的有效合作。可以说，在考核管理者无法认定团队成员真实贡献的情况下，目前普遍采用的绩效奖励措施，与科研强调团队合作的初心是有出入的，是需要我们重视的。

综合上述六项内容，我们发现科研人员的激励政策在现有的体制机制下，已经迈入了实质性发展轨道，相继出台的促进增收、激发科研人员创新活力的政策有效地提升了科研人员从事科研工作的原动力，增强了科研人员的荣誉感和投身科研工作的热情。但是，从结果的运用上看，仍有补充完善的空间。激励政策的初衷是通过相对宽松的差异化刺激，促进科研工作者以求真、奋进、奉献的精神，甚至是一种情怀去工作，让科研工作者能够以脚踏实地、孜孜以求、敢于质疑、坚忍不拔、百折不挠的态度对待科研工作，为科研人员解决收入分配问题、劳动获得问题、社会尊重问题，让科研工作人员能够全身心投入科研工作。

（二）基于绩效主义影响的原因分析

从各调研单位的激励政策文件中，我们不难发现绩效主义在现今科研生活中获得认可是普遍性的，而且对科研结果导向性影响巨大。绩效主义预设科学共同体也是理性人，在科学场域内同样追求利益最大化；此预设与共同体的内在激励机制相契合，也是对以往的道德绑架（君子耻于言利）的一种否定，由此最大限度上释放科研共同体的潜力。

首先，科研绩效主义表现为只关注"投入—产出"，却并不关心种类繁杂的过程运动。当然这种简洁与直达契合了管理者降低管理成本的诉求，但带来的弊端也明显：绩效主义对于数量的片面追求，导致科技界的多元研究领域在终端日益趋同，即产出只有一个出口——文章数量。长远看，这不可避免会造成科研活动发生扭曲，从而破坏科研生态的健康发展。其次，绩效主义实际是一种短视的实用主义的变体，在这种语境的逻辑导向下，既然未来是无法计算的，那么就是不值得投入的，也就没有学术理想存活的空间，当然也几乎没有基础研究赖以生长的肥沃土壤。最后，从长远来看，绩效主义的泛滥也会影响整个社会的同质化。文化的异质性程度与创新发生频率高度正相关，反之亦然。同质化往往造成科研群体间竞争强度加大，从而会加剧部分科研群体（尤其是科研起始期群体、弱势群体）的疲惫与麻木，而这同样不利于我国科研的长远创新与繁荣。

激励政策更多的是一种手段，不是目的。不可否认，这样的手段有促进作用，比之没有，好很多。但是，仍存在激励政策的细节执行问题，调研中发现物质激励和精神激励两者当中，多数科研单位选择物质激励，且激励的力度参差不齐，而精神激励途径方式较为单一和固化。多数科研单位偏重于成熟型人才，忽视对成长型人才尤其是青年科研骨干群体的激励。人才称号与资源利益过度捆绑的现象较少见，主要与高端专业人才引进乏力有关。

制约我们科研进步的一些问题仍然存在，并没有因为激励政策得到显著的持续的转变，激励政策在实施过程中也难免有失偏颇。我们需要进一步转变不利的科研发展观念，也需要不断完善优化相关激励政策。

因此，怎么样做到量效结合，能够不失鼓励，又体现相对的公平公正，是下一步科研激励政策需要进一步破题的方向。科研创新过程中呈现的上述弊端和失误，我们是完全有能力去修正改进的。总体看，只有配好政策、配足服务，让科研人员获得足够的"自主权"、足够的激励和奖励、足够的学术认同和尊重，切实做到"名利双收"，才能把科技政策的效能切实发挥出来。

三、对策建议

课题组比对梳理前期密集的走访和座谈材料，尝试从顶层设计、人才管理、人才经营、过程管理方面加强对科研人员服务管理的细度、精度和关爱度；从科研环境、学术交流、平台建设、孵化基地等方面加强对科研氛围的营造、熏陶和激励；从爱岗敬业、学习理念、创新思维、科研传承等方面加强对科研人员的价值引导、志向鼓励、情怀培养等方面提出对策与建议。

（一）加强顶层设计、组织领导

着眼夯基立制，完成好创新生态的顶层设计，搭建好创新体系、创新制度、创新政策框架，构建好科技创新生态的四梁八柱。发挥好激励政策的导向作用，自上而下做好充分的政策宣贯和解读，给予科研工作者肯定的职业追求和足够的包容。要因地制宜、量体裁衣，充分了解科研人员的诉求、追求与需求，做到学科有细化、人员有差别，保障科研人员实施有方案、处处有服务。

推进科研管理、科研创新的信息化和人工智能化建设。加大科研信息数据库建设力度，用大数据建立人才管理档案，创新新时代科研评估机制，使其更加精确客观，更具动态性、灵活多样性，优化科研人才创新培育路径和创新能力，使传统人才评价体系由粗放型向集约型转变，由单一型向多元化转变，健全多维度人才评价机制和弹性激励机制。

加强顶层设计，完善科研激励措施。制定差异化、个性化的激励手段，减少科研激励手段同质化。

（二）科研管理与创新良性互动，优化人才有序流动

鼓励人才合理流动，引导人才良性竞争和有序流动，探索人才共享机制。合理地运用激励机制可以有效调动员工工作的积极性与主动性，更好地完成科

研任务，提高科研业绩。业绩的提高又增加了科研人员的收入待遇，这样循环往复，调动科研人员的工作积极性与主观能动性，既避免优秀人才流失，也保证了研究型事业单位与个人的共同发展。

新时代要有新气象，科研要有新作为，离不开以人为本的人事管理，"能为"的人事管理和激励机制是促成科研工作者进步的内因，也是科研田地深耕的重中之重。提高站位、主动作为、增强服务是科研单位人事管理的首要关注点，应定位人才管理，从人才培养、人才爱护、人才服务上，做好人事管理；建立人才经营理念，把管理转变成服务，把权力转变成服务，不忘初心；给予充分的科研自主权、确保科研人员职称晋升顺畅、授予科研人员合适的荣誉头衔，做好人才保障工作。

（三）强化科研过程的认定与肯定，建立中长期绩效评价制度

科研人员收入与贡献匹配度问题很难界定，以调研的陕西省属高校科研奖励细则看，存在评估标准简单划一、静态性指标同质化的倾向，往往都是以成果论结果，高校科研人才评价以人才"帽子"、论文、科研项目等为主要评价指标的问题，这不利于激发"青椒"群体的科研创新。分类建立相应的评价指标和评价方式，避免简单以高层次人才数量来评价科研事业单位。建立宽松的容错机制，给予过程奉献和付出同等结果的认定，弱化成果论，让愿意投入精力做事的科研人员去掉包袱、去掉顾虑，营造开明的科研学术环境，鼓励那些想尝试和害怕失败的科研人员大胆作为、勇于作为。

当然，宽松的环境不代表没有底线、无原则，我们要鼓励真学问，摒弃以学问为名不做学问之实的动机，敢奖敢罚，敢于打破帕累托法则（二八定律）；要认识到做错了或是没有结果不代表一文不值，失败是可贵的成功经验，正如居里夫人的成功不是一次偶然所得，而是源自前期的万种失败。

（四）营造风清气正的科研生态环境

加强科研诚信建设，对学术不端行为零容忍。包容是对不成熟的科研点子和科研智慧的包容，不代表对学术虚假包容，不代表对科研工作者不正确的科研态度包容。对学术不端行为应严肃追究问责，净化科技创新氛围，营造风清气正的科研生态环境。

树立正确的人才评价使用导向。去掉学术神秘化，使人才称号回归学术性、荣誉性本质，避免与物质利益简单、直接挂钩。大胆启用年富力强、敢于担当的青年，予以信任和团队支持。给成材提供路径，做好学科引导，营造人之向往的科研氛围。从形式上，组织多元化的学术活动，减少务虚，注重实际，不以"某某之最""某某第一"之类的冠名口号作为展示，增加学术细节过程的解读、剖析、思考，鼓励年轻一代的青年学者说出真实想法，鼓励他们进行多学科的综合探索及跨领域、跨地域的科技融合。

（五）强抓创新平台建设，推动产学研深度融合

加大各类创新平台的建设力度。切实加强省市各级重点实验室、创新团队、协同创新中心及中试基地的硬件、软件建设，鼓励开展原始创新、自主创新、基础研究的关键平台建设，充分发挥科研平台的引才聚才作用，加快造就数量充足、结构优、素质高的科研创新人才队伍。

着眼产业发展，抓好企业创新。推动产学研深度融合，鼓励行业内的国企加快创建高水平创新平台；鼓励引导高校、科研院所、大企业组建小型研发机构，携手合作或配套协作。发挥企业市场主体作用，实现技术、资本、管理有效聚合，企业、园区、孵化器有效承载，把优秀科技成果就地转化为新产品，培育新业态。

（六）践行新发展理念，传承优秀科技文化基因

要想让学术永葆生命力，让学者的专业精神代代流传，就需要科研人员有情怀，有工匠精神、钻研之力，要沿着正确的方向持之以恒去努力；应当通过更加得当的政策和措施的引导，使整个社会形成共识，形成对科学和知识的尊重和敬畏，进而扭转社会价值观。各级各类科技政策坚持传帮带，把好的精神、好的做法传承好、继承好。

中共十九届四中全会指出，推进国家治理体系和治理能力现代化，需要进一步"完善科技人才发现、培养、激励机制，健全符合科研规律的科技管理体制和政策体系，改进科技评价体系"。以各项科研人员激励政策措施实施的情况来看，只有持续形成完善的科技人才发现、培养、激励机制，不断改进现行科技评价体系，才能全面增强科技人才的创新活力，才能在科技强国的大道上

稳步前行。我们有理由相信，通过信息数据建立科研人才的有效识别分类、搭建动态差异标准化的评价体系、营造良好的科研生态环境和人才成长环境、优化完善科研人员激励政策等，能够形成有效的科技创新激励；通过丰富、加强物质激励、精神激励、个人与团队激励等方式，使科研人员的工作得到承认与认可，真正激发科研人员的潜能与创造力，能够有力地保障科研人才的全面发展。

（调研组：邹志伟　李大伟　高　芸　屈育龙）

重庆市科研人员激励政策落实情况调研报告

2014 年 8 月 18 日，习近平总书记在十八届中央财经领导小组第七次会议上强调，用好科研人员，既要用事业激发其创新勇气和毅力，也要重视必要的物质激励，使他们"名利双收"。2018 年 1 月 8 日，李克强总理在国家科学技术奖励大会上的讲话强调，完善人才评价、培养使用、合理流动等机制，真正让有贡献的科技人员名利双收，经济上有实惠、工作上有奔头、社会上受尊敬。近年来，党中央、国务院及科技部等部门先后出台《关于深化人才发展体制机制改革的意见》《关于深化项目评审、人才评价、机构评估改革的意见》《关于深化职称制度改革的意见》《关于实行以增加知识价值为导向分配政策的若干意见》《关于破除科技评价中"唯论文"不良导向的若干措施（试行）》《赋予科研人员职务科技成果所有权或长期使用权试点实施方案》等政策措施，破除束缚科研人员发展的思想观念和体制机制障碍，营造潜心研究、追求卓越、风清气正的科研环境，激发科研人员创新创业的积极性，让真正有作为、有贡献的科研人员"名利双收"、既有"面子"也有"里子"。

为深化对科研人员创新内在驱动机制的认识，调查和了解不同类型科研人员的职业发展规律和实现路径，剖析影响科研人员积极性的体制机制和政策问题，提升有利于科研人员激励政策实施的有效性，为构建重激励、有约束、守底线的科研人员发展制度环境提供改革和政策建议，在中国科协创新战略研究院的大力指导、支持下，重庆科技学院课题组开展此次调研活动。在本次调研中，激励机制主要包括物质激励和精神激励。精神激励主要包括：赋予科研人员足够的社会地位、给予充分的科研自主权、确保科研人员职称晋升顺畅、授予科研人员合适的荣誉头衔等，物质激励主要包括：科研人员实际工资收入水平、享受的成果转化收益、能够获得的股权激励及依法依规适度兼职兼薪等。

一、调研基本情况

本次调研主要通过实地走访、问卷调查、电话访谈等方式进行。实地走访方面，先后到重庆科技学院、重庆科学技术研究院、重庆平伟实业股份有限公司与科研管理人员和一线科研人员座谈；电话访谈方面，分别与重庆大学、重庆市农业科学院、中机中联工程有限公司等单位科研人员进行了交流，具体情况如表 1 所示。另外，问卷调查方面，共收到有效调查问卷 151 份，其中一线科研人员填答问卷 106 份（高校 45 份、科研院所 39 份、企业 22 份），科研管理人员填答问卷 45 份（高校 16 份、科研院所 13 份、企业 16 份）。

表 1　调研基本信息汇总表

机构类型 ＼ 调研情况	调研机构	调研对象		
		一线科研人员	科研管理人员	合计
高等院校	重庆科技学院	6	2	8
	重庆大学	2	3	5
	小计	8	5	13
科研院所	重庆科学技术研究院	4	2	6
	重庆市农业科学院	4	2	6
	小计	8	4	12

续表

调研情况 机构类型	调研机构	调研对象		
		一线科研人员	科研管理人员	合计
国有企业	重庆平伟实业股份有限公司	0	1	1
	中机中联工程有限公司	5	1	6
	小计	5	2	7
总计		21	11	32

二、调研中的主要发现、问题及原因分析

（一）重庆市激励科研人员创新活力的主要做法及成效

近年来，重庆市深入学习贯彻习近平总书记关于科研人员"名利双收"的重要指示精神，贯彻落实党中央、国务院及有关部门印发的科研人员"名利双收"相关政策措施，不断完善科研人员激励政策法规体系，不断优化科研人员服务工作措施，科研人员的获得感持续增强。

1. 不断完善政策法规体系

市级层面的政策法规体系如下。

（1）实施"重庆英才计划"。2019 年 6 月，中共重庆市委办公厅、重庆市人民政府办公厅印发《"重庆英才计划"实施办法（试行）》；2019 年 8 月，中共重庆市委人才工作领导小组印发《关于印发重庆英才计划 5 个子项目实施方案的通知》，通过实施"重庆英才计划"，进一步营造近者悦、远者来的人才发展环境，聚天下英才而用之。《"重庆英才计划"实施办法（试行）》对重庆现有的人才项目进行了系统梳理，优化整合为市级、市级部门、区县三个层次。整合后的人才项目统一称为"重庆英才计划"，下设 5 个专项，即重庆英才·优秀科学家、重庆英才·名家名师、重庆英才·创新创业领军人才、重庆英才·技术技能领军人才、重庆英才·青年拔尖人才。"重庆英才计划"重点从三方面支持人才成长。一是加大支持名额数量。计划 5 年内支持高层次人才 2000 名左右、团队 500 个左右，其中优秀科学家 100 人左右，名家名师 300

人左右，创新创业领军人才 900 人左右、团队 500 个左右，技术技能领军人才 200 人左右，青年拔尖人才 500 人左右。支持数量在原有基础上实现了翻番，特别是青年拔尖人才每年支持数量从 20 名提高到 100 名。二是入选人才可获相应支持经费。给予入选人才 20 万至 200 万元不等的研究支持经费，给予每个创新创业示范团队 30 万元的支持经费，主要用于创新研究、科研条件改善、成果转化、团队建设、学术交流等。对特别优秀的还可"一事一议""一人一策"。与此同时，还推出了免抵押、免担保、基准利率的"人才贷"，给予创业人才最高 100 万元的创业贷、500 万元的知识价值信用贷。对于入选人才，还会给予 10 万至 50 万元的奖励金，作为市政府奖励，依法免征个人所得税。三是提高人才服务含金量。向入选人才发放市级人才服务证，可享受职称评审、项目申报、岗位聘用、落户、居留签证、配偶（子女）就业、子女入学入托、医疗"绿色通道"，以及休假疗养等便利服务。建立市、区"一站式"服务平台，组建专门服务队伍，提供全程代办服务。通过市场化手段，为入选人才提供一定次数的机场要客、高铁贵宾等特色服务。

（2）修订《重庆市促进科技成果转化条例》。2020 年 6 月 1 日，新修订的《重庆市促进科技成果转化条例》正式施行。《条例》分为总则、政府职责、服务机构、转化实施、技术权益、保障措施、法律责任和附则，共 8 章 63 条，在赋予科技成果完成人更多的职务科技成果权属、加大对科技成果转化的奖励激励力度、突出企业在科技成果转化中的主体地位、设计科技成果转化尽职免责制度保障、大力建设科技成果转化人才队伍、加大科技成果转化资金和资本的支持保障等六方面实现了制度创新。特别是《条例》第 23 条规定，在不变更研究开发机构和高等院校职务科技成果权属前提下，可以将职务科技成果部分或全部给予科技成果完成人使用、转让、投资等。这是在地方性法规层面率先规定，鼓励开展职务科技成果所有权和长期使用权等改革的试点举措。

（3）制定《重庆市科学技术奖励办法》。2019 年 12 月 24 日，重庆市第五届人民政府第 76 次常务会议审议通过《重庆市科学技术奖励办法》，自 2020 年 4 月 1 日起施行。按照该办法，重庆市人民政府设立重庆市科学技术奖，包括科技突出贡献奖、自然科学奖、技术发明奖、科技进步奖、企业技术创新奖、国际科技合作奖 6 个奖项；鼓励社会力量设立科学技术奖。科技突出贡献奖、国际科技合作奖每 2 年评审 1 次，每次授奖人（组织）数分别不超过 2 名（个）；自然科学奖、技术发明奖、科技进步奖每年评审 1 次，授奖项目总数不超过 150 项；企业技术创新奖每年评审 1 次，授奖数不超过当年授奖项目总数的 10%。另外，重庆市还设立了重庆市创新争先奖，每 3 年评选表彰 1 次，每次表彰先进个人 100 名、先进集体 10 个；设立了全市性社会组织评比达标表彰项目——重庆市十佳科技青年奖，每年评选 1 次，每次表彰奖励 10 名科技青年。

（4）制定《重庆市自然科学基金项目实施办法（试行）》。2018 年 9 月 28 日，重庆市科技局印发《重庆市自然科学基金项目实施办法（试行）》。该办法从多个方面支持科研人员开展基础研究并努力帮助科研人员实现"名利双收"。一是突出自然科学基金项目人才培养功能。在加强青年人才培养方面，对于自然科学基金面上项目，40 岁以下青年科研人员作为负责人承担项目的比例一般不低于 70%，面上项目资助强度一般为每项 10 万元，实施周期一般不超过 3 年；在加强博士后群体培养方面，专门设立博士后科学基金项目，资助强度一般为每项 10 万元，实施周期一般不超过 2 年；在加强青年杰出人才培养方面，专门设立杰出青年科学基金项目，资助强度一般为每项 50 万元，实施周期一般不超过 3 年；在加强高水平创新团队培养方面，专门设立创新研究群体科学基金项目，资助强度一般为每项 200 万元，实施周期一般不超过 4 年。二是扩大了科研人员和项目承担单位的自主权。赋予科研人员和单位更大的项目实施决策自主权，项目负责人可自主组建科研团队，自主调整研究方案和技术路线；赋予科研单位更多的项目经费管理使用自主权，设备费之外的直接费用可根据项目执行的需要进行预算科目费用自主调剂。在项目绩效评价上，科学基金项目实行分类评价，采取网络评审、会议评审等评审方式。同时，科学基金面上项目、博士后项目验收前应有一次围绕项目进展和成果的小同行学术交流研讨，不再片面单纯追求论文数量。三是鼓励探索、宽容失败。对已履行勤勉尽责义务，但因技术路线选择失误，导致难以完成预定目标的单位和项目负责人予以免责，认真总结经验教训，为后续研究路径等提供借鉴。但对于违背科研诚信要求的行为，将依法依规区分不同情况予以处理，并实施信用记录和联合惩戒。

（5）及时制定相关实施意见。重庆市深入贯彻党中央、国务院相关文件精神，及时印发《关于印发重庆市深化职称制度改革实施意见的通知》《关于深化人才发展体制机制改革的实施意见》《关于深化项目评审、人才评价、机构评估改革的实施意见》《关于实行以增加知识价值为导向分配政策的实施意见》《贯彻落实国务院优化科研管理提升科研绩效若干措施任务分工》《贯彻落实〈关于进一步弘扬科学家精神加强作风和学风建设的意见〉重点任务分工方案》等系列政策措施，切实推动科研人员相关激励政策落地落实。

在单位层面，各高校、科研院所、企业及时根据国家和重庆市最新文件精神，修订科研管理制度，促进科研人员创新活力和科研热情提升。比如，重庆科技学院自 2016 年以来，先后制定了《科研项目与成果认定办法（试行）》《科研资助项目管理办法》《横向科研项目管理办法》《纵向科研项目管理办法》《科研平台建设与管理办法》《科研基层组织管理办法》《知识产权管理办法》《促进科技成果转化管理办法（暂行）》《科研财务助理岗位实施细则》《科研诚信管理办法》《创业种子投资基金管理办法（试行）》，修订了《科研项目经费管理办法》。重庆市科学技术研究院 2017 年 7 月制定了《促进科技成果转化激励实施办法（试行）》。重庆大学 2018 年制定了《重庆大学科技成果资产评估项目备案实施细则（试行）》，加强学校国有资产管理，落实国有资产评估项目备案管理工作；制定了《专业技术人员离岗创业管理办法（试行）》，支持和规范科研人员兼职或离岗创业活动；修订了《促进成果转化管理办法》，通过完善集体决策和分级授权制度强化风险管控，通过扩大完成人收益奖励比例和将科技成果所有权让渡给完成人团队支持科研人员自主实施转化等方式充分调动成果完成人积极性，进一步促进科技成果转化。特别是重庆大学在修订《促进成果转理办法》中率先探索以权益让渡的方式进行成果转化。具体做法是对于不涉及国防、国家安全、国家利益、重大社会公共利益的科技成果在进行作价投资时，学校可在收取一定比例资源占用费后，与完成人签署让渡协议，将科技成果所有权变更给发明人团队，由科研人员自主实施转化。

2. 不断优化科技人才服务措施

（1）设立重庆市院士工作服务中心。2019 年 7 月，重庆市委编委批复成立公益一类事业单位重庆市院士工作服务中心，履行团结联系服务院士、推动高端科技交流合作、提供科技战略决策咨询等职责。中心设在重庆市科协，有事业编制6个，与重庆市人才发展中心（市委组织部直属事业单位）、重庆市专家服务中心（市人力社保局直属事业单位）等单位共同加强科研等方面人才服务工作。

（2）成立中国科协（重庆）国家海外人才离岸创新创业基地。经中国科协海智计划领导小组批准，2019年10月，中国科协在重庆两江新区设立国家海外人才离岸创新创业基地；2019年11月9日，时任中国科协党组书记、常务副主席怀进鹏为两江新区授中国科协"国家海外人才离岸创新创业基地"牌。目前，离岸基地围绕"示范窗口出形象、合作站点出效益、项目引育出亮点、活动宣传出影响"布局建设，已实现良好开局。比如，政策机制建设方面，制定《重庆两江新区建设国家海外人才离岸创新创业基地实施方案》和《重庆两江新区国家海外人才离岸创新创业基地平台建设和运营扶持办法》；服务载体建设方面，在互联网产业园19号楼聚力打造集展览展示、专业服务和项目孵化培育为一体的离岸基地示范窗口；活动品牌打造方面，坚持开展"智汇两江"系列活动，截至2020年5月，已举办西南数字经济创新峰会、"5G& 区块链"高峰论坛、2019两江新区科技创新年度发布、科技金融产品发布暨签约、2020两江新区云上全球创新创业大赛、科技成果转化专题直播讲座等10场活动，对接海外人才项目86个，明确有意向入驻的项目22个。

（3）定期举办重庆英才大会。2019年11月9—10日，重庆市举办2019重庆英才大会，以"聚集海内外英才·聚力高质量发展"为主题，共举办"会、论、演、赛、谈"等36项活动。大会期间，180余位全球知名科学家、国际组织负责人、大学校长、行业领军人物、独角兽企业负责人，以及1.5万余名优秀人才参加各项专场活动。闭幕式上为首批"重庆英才计划"入选人才代表颁发证书，为2019"英才杯"创新创业创造项目大赛获奖团队颁奖，并举行了人才、项目集中签约。本次大会共计签约紧缺急需优秀人才608名、项目227个，分别是2018年的2.8倍、1.4倍。目前，重庆英才大会已经成为重庆最大的招才引智活动，形成了每年一届的制度化安排。

（4）不断加大研发经费投入力度。2019 年，重庆市全社会研发经费支出达到 460 亿元、增长 12.1%，我市压减市区两级一般性开支，增加 10 亿元资金支持提升科技研发投入强度。2019 年重庆综合科技创新水平指数和区域创新能力排名保持中国西部地区第一名。重庆市政府提出，力争到 2022 年，全社会研发经费投入强度超过全国平均水平。另外，重庆市大力推进自然科学基金项目管理改革，加大基础研究的支持力度，2018 年基础研究项目数量和经费均较 2017 年度有较大增加，增幅分别达 49% 和 40%。

（5）持续举办科技人才宣传活动。一是每年举办"全国科技工作者日"庆祝活动。通过发送慰问信、召开座谈会、开展优秀科技工作者宣传等多种形式，加强对科技工作者的思想政治引领，弘扬新时代科学家精神和科技志愿服务精神，为科技工作者办一批实事好事。比如 2020 年"全国科技工作者日"期间，重庆市通过举办学习贯彻习近平总书记给科技工作者代表回信精神座谈会、重庆优秀科学家风采展、"创新行千里、创业致广大"报告会、"科技为民·抗疫有我"座谈会等系列活动，从不同方面展现我市科技工作者为科技事业发展作出的突出贡献，并对他们致以节日的问候。二是每年举办重庆市科学道德和学风建设集中宣讲活动。市科协联合市教委、市科技局、市社科联等单位，积极担起科学道德和学风建设重任，连续 9 年举办全市科学道德和学风建设宣讲教育报告会，组织发动全市高校开展内容丰富、形式多样的宣讲教育活动，为重庆建设更加纯净、更加纯粹的学术生态发挥了重要作用。三是创作排演科学家主题剧目。积极用话剧等有效形式展现科学大师的光辉业绩和崇高精神，弘扬我国科技界的优良传统，鼓舞科研人员。比如 2017 年 5 月 18 日至 6 月 9 日，重庆市承办"共和国的脊梁——科学大师名校宣传工程"会演活动及清华大学话剧《马兰花开》等 9 个剧目，在重庆大学等高校演出 27 场，现场观众 3.5 万人次，网络直播总浏览量超过 500 万，为科技工作者特别是青年科技人才点亮了理想的灯、照亮了前进的路，收到了以智慧人、以德树人、以文育人的实效。同时，西南大学创作排演了话剧《问稻》（袁隆平），重庆大学创作排演了话剧《寅初亭》（马寅初），重庆大学正在创作话剧《何鲁》，教育引导广大青年科技人才进军世界科技强国建设主战场。

3. 不断提高科研人员获得感

近年来，科研人员的积极性明显提高，获得感明显增强。据对 106 名一线科研人员的问卷调查发现，49.1% 的科研人员对国家和地方出台的一系列有关促进科研人员增收、激发科研人员创新活力的政策措施评价"很满意"或"较满意"；32.1% 的科研人员在实际工作中较为强烈地感受到了这些政策措施带来的利好；50.0% 的科研人员认为激励科研人员创新的政策措施效果"比较好"或"非常好"；68.9% 的科研人员认为科研团队中课题负责人、参与人及辅助人员等"名、利"分配"非常合理"或"较合理"。

同时，通过对 106 名一线科研人员和 35 家单位的科研管理人员进行抽样调查还发现：在职称评定和考核晋升方面，各单位主要看重工作业绩、科研成果和能力素质，81.1% 的科研人员认为所在单位职称评定和考核晋升机制比较合理。在绩效考核和表彰奖励方面，100% 的单位出台了绩效考核细则；54.29% 的单位针对不同类型岗位（如教学和科研岗，基础研究、应用研究和技术开发岗等）有不同标准；51.9% 的科研人员认为所在单位的绩效考核对激励科研和创新效果"非常好"或"较好"；56.7% 的科研人员认为单位的绩效考核真正实现了与个人的贡献、才能、实际工作业绩挂钩；57.1% 的单位对入选各类科技奖励和人才计划的科研人员有配套奖励，80% 的单位对在工作岗位上作出突出贡献的科研人员有奖励，奖励形式主要为颁发现金；大多数单位在业绩考核、收入分配、职业晋升之间建立了真正有效挂钩的联系。在科技成果转化方面，34.2% 的科研管理人员对本单位科技成果转化评价"较高"，57.1% 评价"一般"；成果转化收益采取的主要分配形式依次为：使用权许可收益、产权转让收益、技术入股收益和合作转让收益；51.9% 的科研人员认为成果转化流程"不复杂"；67.0% 的单位科技成果转化有专业机构提供帮助。在鼓励科研人员依法适度兼职兼薪方面，54.3% 的科研管理人员表示本单位对科研人员离岗创业、兼职兼薪有细化规定；44.3% 的科研人员认为离岗创业、兼职兼薪在实际工作中能够得到支持。在科技人才队伍建设方面，45.7% 的科研管理人员表示本单位已经制定专门促进青年科研人员成长的支持政策；62.9% 的科研管理人员表示本单位已经制定对领军型科研人才具有吸引力的待遇政策；74.3% 的科研管理人员认为本单位实验技术服务人员和科研辅助人员待遇"一般";71.4%的科研管理人员表示本单位近几年科研人员流失程度"一般"或"较低"。

（二）重庆市科研人员激励机制和政策存在的主要问题及成因

1.政策措施落实成效总体评价不高

问卷调查发现，近年来国家和重庆出台的一系列有关科研人员增收、激发科研人员创新活力的政策措施落实效果不够好，60.0%的科研管理人员和50.9%的一线科研人员对政策落实的总体评价为"一般"或"不满意"。究其原因，主要有以下几个方面：一是政策宣传不够。由于部分基层单位没有安排专人收集、梳理、宣传有关政策，加之相当部分科技工作者缺乏学习政策的主动性，导致部分科技工作者不关心政策、不了解政策、不使用政策。比如，因为不关心或不知道怎样申请专业职称，四成左右的企业科技工作者没有任何职称资格，八成左右40岁以下的青年企业科技工作者没有任何职称资格。二是政策不够细化。比如，45.7%的科研管理人员表示本单位没有制定科研人员离岗创业、兼职兼薪的细化规定。三是政策协调不够。比如，重庆某市属高校科技处负责人反映，《重庆市人民政府办公厅转发市教委市科技局关于进一步促进高校科研院所科技成果转化若干措施的通知》（渝府办发〔2019〕44号）中明确规定，符合《关于科技人员取得职务科技成果转化现金奖励有关个人所得税政策的通知》（财税〔2018〕58号）规定的，从职务科技成果转化收入中给予科技人员的现金奖励，可减按50%计入科技人员当月"工资、薪金所得"，依法缴纳个人所得税。但税务部门认为该文件与税收政策相冲突，导致该项政策一直没有落地。

2.绩效工资激励作用正在弱化

一是部分单位绩效考核标准不健全。问卷调查发现，45.7%的科研管理人员表示本单位尚未针对不同类型岗位（教学和科研岗，基础研究、应用研究和技术开发岗等）制定不同的考核标准；48.1%的一线科研人员认为本单位的绩效考核对激励科研和创新效果的效果"一般"或"不好"。另据重庆某市属高校科研人员反映，高校存在着一定程度的"平均主义"，加之薪酬模式单一、物质激励不充分，影响了科研人员的积极性。二是市属高校科研绩效发放不到位。重庆某市属高校科技处负责人反映，对于市级财政资金资助的科研项目，单位人事处不同意发放科研人员绩效，严重影响科研人员的科研积极性。因为按照市人力社保局相关规定，市级财政资金支持项目的科研项目绩效需计入学校绩效工资总盘子，如项目组发放科研绩效，会影响大部分教职工收入。问卷调查发现，42.9%的科研管理人员表示本单位对各类科技奖励和人才计划入选人员没有配套奖励。三是部分公益类科研院所经费不足。重庆市某研究院负责人反映，2018年，重庆市研发经费投入强度达到1.95%，而农业研发经费投入强度仅为0.8%左右，远低于全市平均水平。市农科院作为公益一类农业科研事业单位，人员工资和绩效总体水平处于全市底线档，预算保障水平仅有57%左右，尚有43%的经费缺口需要自筹解决，科研人员一直背负着创收弥补绩效工资缺口的巨大压力，呈现出一种"创收重于创新"的被动局面。重庆市属某研究院负责人反映，部分公益性科研院所事业编制不足，难以引进高层次科研人才和团队。

3. 人才评价激励机制有待完善

一是人才评价制度不够合理。问卷调查发现，18.9%的一线科研人员认为本单位职称评定和考核晋升不够合理。一些科研人员反映，唯论文、唯职称、唯学历的现象仍然一定程度存在，名目繁多的评审评价让科技工作者应接不暇，人才管理制度还不能有效适应科技创新要求、不完全符合科技创新规律；各学科之间的差异性没有得到很好体现，唯学历、唯资历、唯"帽子"、唯论文、唯国家基金项目现象依然严重，对从事应用研究的科研人员不公平；一些单位职称评审竞争激烈，职称评审制度不够规范健全，透明度有待加强；职称评价和考核晋升对社会贡献和业内认可的重视程度不够等。二是学术不端现象仍然存在。有科研人员反映，仍然存在论文、业绩、证书造假，抄袭、剽窃、侵吞他人的学术成果，动用行政手段介入职称评审工作，通过投机取巧、暗箱操作等不正当手段获取职称等现象。三是人才激励制度不够有效。问卷调查发现，50.0%的一线科研人员认为重庆市相关人才支持和激励计划效果"一般"或"不好"。在实地调研中，主要发现以下问题：重视物质激励忽视精神激励，精神激励主要表现为各种奖项，但是这些奖项往往等级较高、获奖人数少，特别是省部级及以下奖项设置少，不能对大多数科研工作者形成有效激励；重视高层次人才忽视基础性人才，对高层次人才的激励政策较多，对专业技术人才的激励政策较少；重视职务性人才忽视专业性人才，人才选拔存在"官本位"倾向，有行政职务的专家更容易成为高端人才；重视成熟型人才忽视发展性人才，目前的激励政策对青年科技人员特别是 35～45 岁的青年科技人才支持力度不够；重视理论型人才忽视实践性人才，特别是高校科研成果政策存在较为严重的重论文轻专利现象。

4. 科研人员主体地位有待提升

问卷调查发现，28.3% 的一线科研人员认为所在单位科研人员的主体地位体现得不够好；36.8% 的一线科研人员认为所在单位科研人员拥有的技术路线决策权"一般"或"较低"；20.8% 的一线科研人员表示所在单位没有建立科研财务制度或设置专职科研辅助岗协助科研人员开展财务报销等行政事务。在实地调研中，主要发现以下问题：部分公益性科研院所体制机制僵化，缺乏市级层面的具体改革指导意见，严重制约了改革发展步伐；有的单位没有及时修订本单位的科研管理相关制度规定，仍然按照老办法来操作；有的经费调剂使用、仪器设备采购等仍然由相关机构管理，没有落实到项目承担单位；有的高校财务人员"官僚主义"思想严重，教授在财务部门排队一两个小时等待报账的现象普遍存在；有的单位科研经费使用不灵活，仍存在"报账难"问题和虚开发票、找学生代领劳务费等现象；人才服务证优质服务少，实际作用不大，特别是科研人员凭"人才绿卡"子女读书只能选择公立学校不能选择私立学校。

5. 科技成果转化仍有不少问题

问卷调查发现，仅有 34.3% 的科研管理人员对本单位科技成果转化情况表示"满意"；仍有 14.3% 的科研管理人员表示科技成果转化仍存在体制机制障碍；48.1% 的一线科研人员认为科技成果转化流程"较复杂"或"很复杂"；33.0% 的一线科研人员表示本单位科技成果转化"没有"或者"很少"得到专业机构提供的帮助；仅有 42.3% 的参与成果转化的人员对收益表示"满意"。调研发现，一线科研人员成果转化主要存在三方面问题：一是科研定位不精准，市场应用率较低。典型表现是：一些科研人员在确定项目的过程中，缺乏对市场的深入调研，不能很好地契合市场的迫切需求，偏重理论、忽视实践，出现了"成果即实验报告"的现象。忽视实际需求的研究必然会被市场抛弃，因此，企业对其研究失去了投资的兴趣，研究随即变成了一纸空文。二是科研人员缺乏创新主动性。一些科研人员对成果敝帚自珍，缺乏转化主动性，不能以开放的心态对待，导致研究成果被束之高阁。高校院所部分科研人员对科技成果的属性认识模糊，相应的资产及产权概念混沌不明，他们更倾向于选择更低风险的"纯"科学研究，弱化了以成果转化为导向的科研目标。三是缺乏有效桥梁，资本与技术结合程度不够。现存的一个基本模式是：科研人员寻找项目—进行研究—联系企业进行转化。这个模式单向性特征较为明显，如果科研人员有良好的市场调研作为基础，则可能会产生良好的效果；反之，则可能会面临困境。

6. 重点人群政策支持有待加强

一是对领军型科研人才的政策吸引不够。问卷调查发现，37.1%的科研管理人员表示所在单位没有制定对领军型科研人才具有吸引力的待遇政策，28.6%的科研管理人员表示所在单位近几年科研人员流失程度较高。例如，"重庆英才计划"规定，优秀科学家每人奖励30万至50万元，创新创业领军人才、技术技能领军人才和青年拔尖人才每人奖励50万元，对顶尖人才吸引力有限。而广东省、浙江省对高层次人才安家补贴、薪酬、项目资助等支持最高超过1亿元。调研发现，重庆市某制冷设备公司反映，该公司重庆分公司需要180名科研人员研究磁悬浮，总部科研人员不愿意来，目前只有60人，缺口较大；重庆某汽车公司反映留住高端人才存在困难，高端人才流失率较高。二是对青年科研人员成长支持不够。问卷调查发现，45.7%的科研管理人员表示所在单位没有针对成长期青年科研人员制定专项支持政策。调研发现，青年科研人员缺项目、缺资金、缺团队、找不到研究方向现象普遍存在；一些青年科研人员表示，很难参与到本单位"大专家"的团队之中。三是对本地人才支持不够。人才政策"重引轻用"，缺乏类似"南粤突出贡献奖"和"南粤创新奖"的重大人才激励政策措施，缺乏明确的政策措施激励现有人才特别是高端人才充分发挥创新创业创造潜力。四是对离岗创业、兼职兼薪支持不够。问卷调查发现，45.7% 的科研管理人员表示所在单位对科研人员离岗创业、兼职兼薪没有制定细化规定；55.7% 的一线科研人员认为离岗创业、兼职兼薪在实际工作中不会得到支持；42.3% 的一线科研人员认为离岗创业、兼职兼薪会对科研职业发展造成不利影响。调研发现，一些高校和科研院所科研人员认为自身对市场的认识、对资本运作的理解及抗风险能力不强，离岗创业自信心不足、积极性不高；一些管理人员认为由于离岗创业细化规定缺乏及具体实施困难，科研人员离岗创业顾虑重重。

三、对策建议

（一）进一步完善绩效工资制度

一是完善绩效考核标准。加强指导，帮助尚未针对不同类型岗位（教学和科研岗，基础研究、应用研究和技术开发岗等）制定不同考核标准的单位尽快建立合理的考核标准。二是优化绩效激励政策。加强科研项目绩效支出与事业单位绩效工资政策衔接，落实横向经费按合同约定管理；国家、市级科研项目都要实行绩效激励政策，均不纳入绩效工资总量管理。在绩效工资总量动态调整基础上，探索建立总量追加单列机制，向公共卫生机构、基础研究科研院所、重点人才计划入选人才所在单位等重点单位释放政策叠加效应。三是增加公益性科研院所事业编制。根据不同类型公益性科研院所承担的服务职能，合理补充、调整事业编制。从事产业共性技术开发与应用的公益性科研机构，应增加一线科研人员事业编制（专技岗位），引进招聘国内外高层次科技人员落户重庆；从事技术服务等的公益性科研机构，应增加管理人员事业编制（管理岗位）。四是加大农业科研事业单位职工工资保障力度。由于农业的特殊性和农业科研单位的公益性，决定了农业科研单位科技创新需要国家补贴。建议由财政对农业公益一类科研事业单位职工工资和绩效全额预算托底，以解决科技人员潜心投入科技创新的后顾之忧。五是改革科研机构薪酬制度。在一批一流科研院所、大学和公共技术服务平台，按照"一校（院）一策"原则，探索试点不定行政级别、不定编制、不受岗位设置和工资总额限制，实行综合预算管理，给予长期稳定持续支持，赋予科研机构充分自主权，允许其探索年薪制、协议工资、项目工资、股权激励等多种灵活分配方式。放宽高层次人才绩效限额，建立有利于调动科研院所创新服务积极性的绩效总额考核办法。

（二）进一步完善评价激励体系

一是深化人才分类评价改革。全面实施新一轮人才评价标准修订工作，分类建立健全涵盖品德、知识、能力、业绩和贡献等要素，科学合理、各有侧重的人才评价标准体系。特别是要细化人才专业分类，合理设置和使用人才评价指标要素，实行分类评价，鼓励人才在不同领域、不同岗位作出贡献。比如，可将科技类人才细分为基础研究人才、应用研究人才和应用开发人才、社会公益研究人才、科技管理服务人才和实验技术人才等。二是优化科研成果评价机制。逐步规范学术论文指标，论文发表数量、论文引用榜单等仅作为评价参考，不以科学引文索引（SCI）等论文相关指标作为前置条件和判断的直接依据。对国内和国外期刊发表论文要同等对待，鼓励更多成果在具有影响力的国内期刊发表。推行代表性成果评价。结合学科特点，探索项目报告、研究报告、技术报告、工程方案、教案、著作、论文等多种成果形式。注重标志性成果的质量、贡献、影响，突出评价成果质量、原创价值和对社会发展的实际贡献。注重质量评价，防止简单量化、重数量轻质量，建立并实施有利于科研人员潜心研究和创新的评价制度。克服唯学历、唯资历、唯"帽子"、唯论文、唯项目等倾向，不简单把论文、专利、承担项目、获奖情况、出国（出境）学习经历等作为职称评定限制性条件。深入开展清理"唯论文、唯职称、唯学历、唯奖项"专项行动，建设全国一流期刊、一流学会，树立引导正确的科研价值取向。注重个人评价与团队评价相结合，尊重认可团队成员的实际贡献。支持科研机构、用人单位通过市场机制和第三方开展多元评价，支持学会开展工程技术、工业设计等专业和非公有制经济组织等领域的专业技术人员职称评定。全面推行企业、技工院校职业技能等级认定和社会评价工作，扩大技能人才队伍总量。三是完善青年优秀人才评价发现机制。逐步提高各系列（专业）高级职称中青年人才的比例，优化专业技术人才年龄梯次结构。建立博士后职称评审绿色通道，在站博士后人员可直接申报副高级以上职称；出站博士后人员在教学、科研等专业技术岗位工作满一年，可直接申报正高级职称。四是鼓励社会力量设立科技创新奖项。引导学术团体、行业协会、企业、基金会及个人等各种社会力量，设立科学技术奖，鼓励民间资金支持科技奖励活动。五是加强科研诚信建设。大力弘扬科学家精神，加强作风和学风建设，营造风清气正的科研环境。建立科研诚信管理体制，加大不诚信行为的违法成本。六是促进人才合理流动。建立科技人才在专业技术资格、职称资格、职业资格等方面互认制度，促进优秀科技人才有序流动。实行职称评聘分离、职称与待遇脱钩。

（三）进一步提高科研人员地位

一是深化科研体制改革。扩大高校和科研院所科研相关自主权，开展赋予科研人员职务科技成果所有权或长期使用权试点，更大范围推广科技成果混合所有制改革经验，探索关键核心技术集成攻关机制。扩大科研项目经费使用自主权，深化科研项目经费"包干制"试点，完善符合科研规律的制度设计，更大程度赋予领军人才技术路线决策权、项目经费调剂权、科研资源调动权、创新团队组建权。对急需的设备、耗材可以不进行招投标程序，采购进口科研设备由审核制改为备案制管理。高校、科研院所依据国家和本地有关制度自主制定的项目经费管理办法，可作为评估、检查、审计等依据，区别对待科技人员对外交流活动，避免人为设置门槛和障碍，同时推动事前审批向事中监督、事后审核转变。二是优化人才发展环境。大力宣传科技创新方针政策，报道科技创新重大事件，推介科技创新突出成果，塑造科技创新人物形象，在全社会大力弘扬尊重劳动、尊重知识、尊重人才、尊重创造的理念，让科技工作成为富有吸引力的工作、人们尊崇向往的职业。深入开展科技工作者状况调查，全面掌握科技工作者队伍基本情况，准确把握新形势下科技人才成长的特点和规律，发现并推动解决科技工作者在工作、生活、学习等方面遇到的困难和问题，切实提高为科技工作者服务的质量和水平。三是提供优质政策服务。加强科技人才政策梳理、解读、宣传，绘制重点项目、资金申报流程图，帮助科技工作者知晓、掌握和申报政策支持，让政策利好变现为科技工作者的获得感。开展科技人才政策落实情况第三方评估，推动政策优化调整和落地落实。四是提高优质生活服务。全面提高科技人才服务证含金量，提供"上管老下管小"

组合式全方位暖心服务，充分满足高层次科技人才在安家落户、购房购车、居住签证、配偶就业、父母养老、子女入学、休假疗养、航空贵宾通道等方面的需求。吸纳行业协会等人才认定标准，赋予企业充分的人才自主认定权，探索建立高端人才家园小区，打造"一站式"人才服务平台。

（四）进一步破解成果转化难题

一是改革科技成果权益管理。深化赋予科研人员职务科技成果所有权或长期使用权改革试点，允许单位和科研人员共有成果所有权，鼓励单位授予科研人员可转让的成果独占许可权。科技成果转化收益中80%以上归成果完成人或者团队所有，落实科技成果转化税收支持政策，积极争取扩大股权激励递延纳税政策覆盖面，放宽股权奖励主体、流程的限制。加强高校和科研机构技术转移体系建设，落实专门机构、专业队伍、工作经费，科研成果转移转化后，可在转化净收入中提取不低于10%的比例，用于机构能力建设和人员奖励。将科技成果转化绩效作为"双一流"高校、高水平地方高校和科研院所的考核评价，以及应用类科研项目验收评价和后续支持的重要依据。二是探索科技成果转化市场化服务机制。加快推进研究开发、技术转移和融资、知识产权服务、第三方检验检测认证、质量标准、科技咨询等机构的市场化改革，引导具有丰富科技成果转移转化服务经验的人员或团队创办市场化、专业化服务机构。三是构建国家重大科技项目接续支持机制。吸引一批国家项目在重庆开展延展性研究和产业化应用，促使更多已结题、未转化的国家项目落地。四是探索建立符合国际规则的创新产品政府首购制度。根据财政部有关政策，加大对首次投放国内市场、具有核心知识产权但暂不具备市场竞争力的重大创新产品的采购力度，加大对新产品生产者（企业）、使用者（用户）、应用场景创造者的政策支持。五是细化科技成果转化政策。高校和科研院所促进科技成果转化的具体落实部门，要在吃透中央政府和当地政府政策文件精神基础上，科学、民主地制定本单位促进科技成果转化制度和细化方案，不断优化转化流程，不断完善转化细节，杜绝科技成果转化的任何环节出现模棱两可的状况，提高可操作性，做到有法可依、有据可查。六是抓好政策措施落地落实。加强现行政策法规之间不衔接、不匹配甚至相冲突等条款的梳理和修订工作，尤其要加强科技、财政、审计、国资委、纪检、组织等部门的统筹协同，消除部门之间的行政隔阂。对促进科技成果转化政策"落地难"问题进行督查、评估，防控政策执行及其结果走偏，确保各项政策措施落实到位。

（五）进一步优化人才支持政策

一是实施"高精尖缺"重大人才引进工程。根据产业发展现实需要，制定重点领域人才开发路线及重大人才工程，依托知名"猎头"、驻外机构、人才联络站等渠道，聚集更多站在世界科技前沿、处在创新高峰期的战略科学家、科技领军人才、高技能人才、重点产业"高精尖缺"人才及高水平创新团队。重视在基础科学、应用科学领域引进人才。二是实施青年人才筑梦起航行动。把青年人才普惠支持与高端人才稳定支持相结合，加大对自然科学基金规划项目和各类青年人才计划、博士后计划的资助力度，推动博士后科研流动站、大学生创新实践基地和企业科技创新中心协同发展，帮助众多青年人才筑梦起航。开展青年创新创业大赛，打造青年就业创业孵化基地等服务阵地，建立"培训提升—展示交流—要素对接"的青年创新创业服务链。扩大各类人才项目支持力度，扩大青年拔尖人才选拔名额。三是高度重视本土人才。遵循本土人才成长规律，完善本土人才培养机制，精准对接地方经济社会发展需求，进一步盘活用好本土人才。健全在外本土人才返乡创业的长效机制，从优惠政策、资金支撑、融资担保、激励机制等方面发力，改善本土人才的政策待遇及发展空间，在住房保障、子女入学等方面享受与引进人才同等待遇，切实为返乡人才解决后顾之忧。在各类评审评价中，对本土培养人才和海外引进人才平等对待，不得设置歧视性指标和门槛。四是加大离岗创业、兼职兼薪支持力度。完善、规范离岗创业、兼职兼薪审批流程和相关规定，总结推广有关典型经验。针对"离岗创业"失败，单位要出台相关制度，简化相应审批流程，完善回岗保障和创业补贴机制，3年内若科技人员创业失败，原则上按离职前同等职级安排到原单位工作等。大力弘扬创新文化，厚植创新沃土，在全社会营造崇尚创新、宽容失败的良好氛围，调动全社会创新创业积极性。

（调研组：方　丰　秦定龙　向　文　刘寒梅　廖姗姗　陈　玲）

吉林省科研人员激励政策落实情况调研报告

一、调研基本情况

　　创新驱动实质是人才驱动，让科研人员"面子"和"里子"相辅相成，既不失体面又提高收入，有助于充分调动并激活其创新创业的积极性。为了解不同单位性质、不同岗位特点、不同职业生涯阶段的科研人员获得激励及创新活力情况，找到突破体制机制障碍的关键点，加快构建适应现今创新发展规律、科研管理规律、人才成长规律的科技体制机制，中国科协创新战略研究院会同吉林大学开展了专项调研。此次调查对象主要为吉林省高等院校、科研院所、国有企业等组织机构的一线科研人员和科研管理人员，采取座谈会和深度访谈相结合的方式。课题组深入走访吉林省多所高等院校、科研院所和国有企业，共有 23 位一线科研人员、24 位科研管理人员分别对访谈提纲中的全部问题一一发表见解。具体调研情况如表 1 所示。

表 1　调研基本信息汇总表

机构类型	调研机构	调研对象		
		一线科研人员	科研管理人员	合计
高等院校	吉林大学管理学院	6	3	9
	东北师范大学环境学院	1	1	2
	长春理工大学社科处	0	2	2
	吉林财经大学工商管理学院	1	2	3
	长春工业大学经济管理学院	2	1	3
	长春中医药大学创新创业学院	2	1	3
	长春师范大学工程学院	1	1	2
	长春大学科研处	0	1	1
	吉林农业大学科研处	0	2	2
	小计	13	14	27

续表

调研情况 机构类型	调研机构	调研对象		
		一线科研人员	科研管理人员	合计
科研院所	中国科学院长春光学精密机械与物理研究所	1	1	2
	中国科学院长春应用化学研究所	1	0	1
	小计	2	1	3
国有企业	一汽 – 大众汽车有限公司	2	2	4
	一汽轿车股份有限公司	1	1	2
	一汽集团研发总院	1	2	3
	机械工业第九设计研究院有限公司	2	1	3
	东北电力设计院	2	3	5
	小计	8	9	17
总计		23	24	47

调查结果显示，从满意度方面来看，吉林省科研人员精神激励的满意度高于物质激励的满意度，一线科研人员的总体满意度高于科研管理人员的总体满意度。具体如下。

（一）吉林省科研人员精神激励的满意度总体上高于物质激励的满意度

一方面，从科研人员自身动机来看，受访的47名科研人员中共有18人反映职称晋升比科研奖励更为需求迫切、更能带来效价。这是因为科研人员具有较强的知识属性，对于精神方面的需求比一般人更为强烈，渴望在科学研究的过程中得到更多的尊重和信任，并期望其成就能够被社会认可。另一方面，从组织机构激励政策来看，受地域因素制约，与南方一些省市相比，吉林省科研人员获得的物质激励整体水平较低，科研人员工作动力不足、热情不高，而这也是造成"孔雀东南飞"现象的一大要因。

（二）吉林省一线科研人员的满意度水平总体上高于科研管理人员的满意度水平

调查显示，此次受访的科研人员中共有13位一线科研人员和7位科研管理人员对现有激励政策表示满意。科研管理工作与科研工作息息相关，是科研工作的坚实后盾。此次受访的 24 名科研管理人员中共有 6 人反映现存岗位设置不合理、培训体系不完善。在精神激励方面，经调查发现，目前科研管理队伍人员的学历、能力和素质等参差不齐，部分管理者是从教学或者其他行政岗位转到科技管理岗位上，往往缺乏科技管理者应具备的知识结构储备和科研管理能力。而专业化、职业性培训体系的缺乏往往使科研管理人员无法适应复杂、繁重的工作任务，由此导致认同感下降、流失率提升。在物质激励方面，目前大多数科研单位对科研管理人员的评价机制仍不健全，绩效考核形式较为单一。而科研管理人员作为科研工作的重要参与者，同样为科研工作投入了大量的精力与心血，因此也应当享受相应的政策红利。

二、调研中的主要发现、问题及原因分析

为深入、系统、全面地了解吉林省科研人员激励政策落实情况，课题组访谈、调研了多所省内高等院校、科研院所、国有企业等组织机构的一线科研人员和科研管理人员。虽然高等院校、科研院所和国有企业均为科研人员分布较为集中的组织机构，但因类型不同，仍表现出较为鲜明的区别。因此，在总结调研发现时，课题组主要从科研单位（高等院校和科研院所）和国有企业两个角度分别进行论述。

（一）科研单位重结果轻培养，在一线科研人员方面体现为重引进轻培育、在科研管理人员方面体现为重使用轻培植

一方面，为深入贯彻落实党的十九大精神，提升一线科研人员创新实力与活力，吉林省各组织机构积极开展人才引进工作，以期通过引进科技创新领军人才和创新团队的方法培育结构合理、素质优良、服务吉林的创新型人才队伍。但有 13% 的科研人员反映，在实施过程中，引得进只是激发人才活力、支持人才创新的第一步，如何留得住、用得好科研人员才是核心关键。如长春某大学副教授反映："学校将工作重心更多地放在人才引进上，忽视了人才培育机制的重要性，对已有人员缺乏人文关怀，大家组织归属感不强。"也就是说，吉林省各组织机构面临"人才引得进不一定留得下、留得下不一定扎

得下"的困境。另一方面，尽管科技进步对科研管理人员提出了更高的工作要求，但是单位对于科研管理人员仍然表现为"重使用、轻培植"。如吉林某大学科研办公室主任反映："科研管理人员岗位设置不足，基本上一岗一人，一旦有突发情况工作很难继续……目前缺乏针对科研管理人员的职业培训，科研管理人员上升渠道不完善，由此造成人员认同感低、流动率高，同一岗位可能两三年就换岗的现象很常见。"也就是说，由于科研工作分支众多、管理活动事务性强，琐碎且繁重的科研管理工作容易形成依赖经验的惯性思维和工作方式，导致科研管理人员变成"事务型"管理者，科研管理工作内容简化为机械性的上传下达。

深入挖掘各组织机构重结果轻培养的原因，其症结在于人才培训体系与分类评价体系。一方面，当前人才培训体系仍不健全，未能结合科研工作专业发展需求及科研人才成长规律，依据科研人员成长不同阶段的特点，有重点地采取不同的培养方式。具体表现为：岗位设置吸引力不足，无法吸引水平高、潜力大的应聘者；严进宽出，聘后培育方案不明确、不系统。落实到一线科研人员层面表现为未形成涵盖选才—引才—育才3个层面的全人才培养体系和覆盖全职业生涯周期的发展支持体系。落实到科研管理人员层面则表现为缺乏专业化、职业性培养体系，未能满足其职业发展需求。另一方面，目前分类评价体系仍不够系统与完善，虽然各组织结构都已积极开展了分类评价工作，但只有一线科研人员的职称评价标准与体系相对完善，其他岗位诸如科研管理人员、辅导员等评价标准与方案仍缺乏系统性与针对性，科研管理人员的职业晋升渠道不畅通。因此，亟待在优化科研人员成长的支持机制、发展机制、使用机制、激励机制等方面创新，积极推进分类评价体系完善进程，在职称评价时应充分体现专业特色和岗位特点，注重考核专业技术人才岗位实绩和业绩贡献，以期为科研人员创造广阔的上升空间和良好的发展平台。

（二）科研单位考核机制重奖励轻惩罚，仍需完善竞争择优、能上能下的用人机制

党的十九大报告提出了"全面实施绩效管理"的新要求，对于科研单位来说，绩效管理应该落在实处，探索一套以绩效为导向的适用于科研人员的人力

资源管理模式可以激发科研人员的工作积极性，而完善竞争择优、能上能下的用人机制则可以提升科研人员的创造性与效率性。专项调查显示，有78%的科研人员反映在驱动人才创新活力的过程中，科研单位制定并出台了一系列科研奖励政策鼓励科研人员创新创业，但并未有相应的惩罚措施出台，这就导致本身就具有较高创新积极性的科研人员备受鼓励积极行动，而创新积极性较低的科研人员未受刺激岿然不动，两极分化日趋明显。如吉林某大学科研办公室主任反映："目前科研积极性高与科研积极性低的人员比例大概呈4∶6的分布情况，现有政策未能真正激活全部人员的创新能动性。"且从年龄分布来看，青年科研人员更具科研抱负、更有创新能动性，因此奖励机制对其驱动作用显著。而对于一些有一定资历的副教授、教授来说，其职称晋升的精神需求已得到满足，在缺乏相应配套惩罚措施的背景下，考虑到精力付出与科研回报的不对等，现有科研奖励政策无法激活其创新动力。如长春某大学社科处副处长反映："青年教师刚刚经历过博士或博士后阶段的系统科研体系的培训，仍具有较高的科研抱负与科研追求。而一些资深教师由于已评完职称，且考虑到科研成本远高于科研奖励，因此创新积极性不足。"

深入挖掘考核机制重奖励轻惩罚的原因，其症结在于科研人员聘后管理体系不健全，仍未能完全摆脱过去科研事业单位没有淘汰、缺少竞争、匮乏激励的"铁饭碗"制度的影子，在人事制度改革的进程中创新魄力不足。表面上科研单位均已经进行了人事制度的改革，体现为聘任上岗、竞争上岗、以岗定薪、岗变薪变。但是从根本上来看，岗位仅是能上却未能下。比如从岗位晋升来说，通过竞争机制仅实现了优者上但未能实现弱者下，岗级只升不降。且在岗位结构比例的控制下，很多岗位已经饱和，下一级晋升困难。因此，建立健全年度和聘期考核制度至关重要。应把聘期考核结果作为晋升、续聘、低聘、解聘的主要依据，对明显不胜任岗位的人员，要根据聘任合同、竞聘承诺和工作需要适当调整岗位，形成竞争择优、能上能下的用人机制，畅通优秀科研人员职业发展通道。与此同时，要打好奖励与惩罚双向并重的"组合拳"，采取"胡萝卜加大棒"的原则，以"胡萝卜"（奖励）激励科研人员创新主动性，以"大棒"（惩罚）打破科研人员创新惰性。

（三）科研单位学术评价导向破与立的落实难题

2018 年 11 月，教育部办公厅印发《关于开展清理"唯论文、唯帽子、唯职称、唯学历、唯奖项"专项行动的通知》，决定在各有关高校开展五唯清理。2020 年 2 月，教育部、科技部印发《关于规范高等学校 SCI 论文相关指标使用树立正确评价导向的若干意见》，明确要求要破除论文"SCI 至上"，致力于以此为突破口，小切口、大转向，拿出针对性强、操作性强的实招硬招，破除"唯论文"的现象，杜绝出现以论文数量"论英雄"和"以刊评文"的现象，坚持树立正确的评价导向，推动高校回归学术初心，净化学术风气，优化学术生态。调查显示，有 34% 的科研人员反映在学术评价导向的破与立的过渡阶段，落实到科研单位微观层面的可实践性操作办法缺乏，科研人员在日常工作中无抓手。如吉林某大学教授反映："现在大家都在谈破五唯，在此背景下，科研人员应该唯什么？以前的考核指标虽表现为具有过于量化考核的倾向，但在实践操作中科研人员有抓手。而现在这个抓手没了，应该尽快出台具体细则。"也就是说，从国家意见出台到省域办法指导，再到单位工作落实，政策的层层分解、举措的层层落实均需要一定的时间与过程，在此阶段，科研人员在实践工作中缺乏目标导向指引。

深入挖掘学术评价导向破与立落实难这一问题的原因，其症结在于尚未能建立、完善具有中国特色、中国风格、中国气度的科研人员学术评价体系。改革开放以来，随着我国科学研究工作的进步与中外学术交流的加强，我国逐渐形成了以期刊、机构为重心的学术评价体系，以发文数量和发文等级作为评价科研成果的重要指标。但在执行过程中暴露出一些问题，比如过分偏重量化指标、与科研实际相偏离、人为因素干扰严重等。围绕学术评价的基本规律和价值目的，进行有效、合理的评价系统创建是中国学术走向未来、走向世界的必然要求和基本前提，在人才评价、课题立项、学位评定、经费分配、高校排名、学科评估等学术评价过程中，如何充分考虑研究成果的质量、贡献和影响，对于维护良好的学术生态具有重要意义。因此，应积极探索科学的评价体系，破立并举，意在打破固有评价体系的同时，与时俱进地根据现实需求构建具有鲜明中国特色的学术评价体系。与此同时，在重真才实学、重质量贡献的评价导向指引下，从国家到地区再到机构，应迅速行动、采取措施出台相应配套政策，结合组织实际、职业属性、岗位特征等，在管理者、评价者、被评价者等各方面共同参与下，建立健全涵盖品德、知识、能力、业绩和贡献等要素，科学合理、各有侧重的科研人员评价标准，从而为推进科研创新事业发展提供有力的制度支撑。

（四）国有企业一线科研人员与科研项目主管专业不对口，存在"外行领导内行"的问题

众所周知，一个项目的主管是一个团队的大脑，他决定了产品的研发方向和内部人员的具体工作，如果项目主管对这个领域是陌生的，项目组的成员就不能把全部精力放在项目开发和创新上，而是需要把大部分时间用来写报告来说服这个"外行"，这极大地挫伤了一线科研人员的工作自主权和创新积极性，这种现象在国有企业中尤其突出。调查显示，有近一半的国企一线科研人员反映他们的项目主管对其研究领域有一定了解，但是对于他们具体研究方向了解甚少。如吉林某研究院的设计师反映："我们产品是分机械和电子两部分，一个小组中既有机械人员也有电子人员，我的研究方向是偏机械一些，而我们的主管的研究方向是电子领域，因此有时候对主管讲机械方面的东西时会说不明白。"这种情况在一定程度上导致了一线科研人员感觉无法与主管产生观点上的共鸣，不能充分发挥自己的价值从而达到自身的精神诉求，进而可能会导致两种结果：一种是他们会选择离职，外出去寻找能够发挥自己能力的新工作；另外一种是他们会对工作表现出消极态度，很少进行甚至不会进行创新，借助自身技术优势欺骗"外行"领导，这样不但会影响自身工作绩效，还会阻碍企业发展。

深入挖掘"外行领导内行"这一问题，其最大弊端体现在容易造成一线科研人员工作自主权受限，进而挫伤其创新积极性。此问题的症结在于个人知识储备的有限性和企业发展的需求性两者之间的矛盾。项目主管的知识背景不可能覆盖到所有方面，在专业问题上存在的上下级沟通障碍也并不是主管进行为期几个月的进修就能弥补的。虽外行领导内行有利于开拓思维，不容易被行内思维定式所局限，但同时也难以赢得一线科研人员的认同感。其具有双刃剑般的效果，在使用时需谨慎权衡利弊。

（五）国有企业科研人员职务晋升途径相对单一，面临职业"天花板"的发展困境

科学评价科研人员，根据其能力贡献赋予相应的技术职称与管理职务，是激励处于职业上升期的科研人员职业发展、加强专业技术人才队伍建设的重要方式。调查显示，有24%的国有企业科研人员反映在职业晋升过程中面临"天花板"困境。如吉林某汽车公司的规划工程师反映："工程师入职的话基本上都是九级左右，工作几年后，技术成熟了就会提到十级，这之后再想往上发展就比较困难了。只有少数技术人员能晋升到十一级，这就属于管理者级别，再提升到十二级就是长春地区的研发经理了。而上述职位的名额都是有限的，所以一线科研人员越发展越觉得上升空间狭窄。"再如该公司的主管工程师反映："技术人员晋升的'天花板'是真实存在的，管理类人员比技术类人员的上升空间是要大得多的，很多在企业工作过十年以上的老员工因为进无可进后选择了离职，这些老员工大部分是主管一级的，是企业的中坚力量，他们的离职对企业造成了很大的损失。"已知科研人员的职务晋升在很大程度上与其获得的工资水平相联系，从物质激励的角度来看，职业"天花板"困境将极大地损害科研人员的工作积极性。

深入挖掘科研人员职业"天花板"发展困境这一问题，其主要原因在于国有企业科研人员职称与职务两条渠道未能很好地相互配合、协同作用。对于国有企业中的科研人员来说，虽然职称评定能够在一定程度上满足其精神需求，但根据马斯洛需求层次理论可知，物质需求是精神需求的基础，因此职务的晋升对科研人员的激励作用同样至关重要。而企业中的技术管理岗位数量有限，相比于行政管理性岗位，诸如研发经理、技术总监等科研岗位的职务设置比例较低，而职务的高低很大程度上决定了科研人员能够获得的工资水平，未能得到满足的物质需求将严重挫伤科研人员的创新积极性。

三、对策建议

（一）健全人员培养体系

科研单位健康发展的关键在于拥有专业基础理论知识深厚且敢于突破、敢于创新、工作积极性饱满的一流人才，因此需健全涵盖选才—引才—育才3个层面的科研人员培养体系。在选才上，应设置严格、科学的招聘程序，选择知识结构储备和岗位设计需求相匹配的人员，拒绝平庸者的加入；在引才上，增强组织知名度和岗位吸引力以吸引水平高或者潜力大的人员来应聘，增加佼佼者的比重；在育才上，要为科研人员创造良好的人才发展平台和广阔发展空间，让加入者在组织发展实践中成长、成才。

在此基础上，为了使科研人员留得下且留得久，还需对科研人员进行人文教育和思政教育，树立科学的世界观和方法论，抵制不良社会思潮的腐蚀。鼓励科技工作者组成学术共同体，并在每个学术共同体内部可以周期性组织各类社会实践。促进科技工作者多交流、多实践，积极深入了解组织历史和文化底蕴，增强归属感和自豪感。

此外，青年科研人员作为科研后备力量，应高度关注青年科研人员的职业发展问题，鼓励青年科研人员献身科学研究事业。随着科技进步，科学劳动不仅需要丰富的经验、满腹的学识，同样需要充沛的精力、强健的体魄，当这些因素汇集在一起时，青年科研人员的优势不言而喻。在青年骨干的发展培育上，一个完善有效的人才培养体系是青年骨干培育发展的重要依托。对于外部引进的人才，单位应充分展现对员工的人文关怀，妥善解决引进人员的配偶工作、子女教育等问题，没有后顾之忧是他们扎根于此的关键；对于自主培养的人才，要为他们创造一个良好的学习环境，积极向上的学习氛围是发挥主观能动性的基础，激发他们对未来发展的向往与信心。

（二）完善绩效考核机制

保证科研人员在公平的平台上竞争，建立一个"能者上、平者让、庸者下"的动态用人机制。优胜劣汰、适者生存是自然法则，这一竞争法则可以充分发挥科研人员的主观能动性，让每一个有能力的员工都能得到与其能力相匹配的岗位。因此，各组织单位应该不断丰富和完善科研人员的考核机制，围绕绩效考核的基本规律和价值目的，进行有效、合理的评价系统创建，从而为推进科研创新事业发展提供有力的制度支撑。

对于高等院校，应坚持正确导向，克服绩效考核中的"五唯"倾向，建立重师德师风、重真才实学、重质量贡献的评价导向。要实施分类评价，尊重学科差异，根据各学科的特点制定相应的评价标准。

对于科研院所，应建立突出质量贡献的评价制度，坚持以能力、质量、贡献评价科研人员，强调学术水平和实际贡献，突出代表性成果在评价中的重要性，注重评价研究成果质量、原创价值和对经济社会发展的实际贡献。

对于国有企业，应坚持分类评价、多元评价。国有企业内部科研人员的评价体系既不同于企业管理人员和生产人员的评价体系，也不同于高等院校、科研院所科研人员的绩效管理。因此，应结合企业类型、职业属性、岗位特征等，在管理者、评价者、被评价者等各方面共同参与下，建立健全涵盖品德、知识、能力、业绩和贡献等要素，科学合理、各有侧重的国有企业科研人员评价标准。

（三）强化学术监督管理

构建学术监督与管理机制是规范组织内部权力运行的一般要求，也是促进科研管理体制健康发展的必然要求。

一方面，改进高等院校、科研院所和国有企业等组织机构的评价体系和标准，建立以科研成果的质量、贡献和影响为导向的科研评价体系，鼓励和提倡研究中的重大原始创新及成果转化和应用，将论文与职称帽子、利益分配相脱离，注重以研究成果的创新水平、科学价值和实际应用来评价人才，坚决打击学术造假问题，严惩学术不端行为。通过科研评价体系的改进，克服早先唯论文、唯职称、唯学历、唯奖项倾向，使科研工作者不再简单地追求研究热点、追求论文数量、追求高影响因子、追求高被引次数，而是把研究工作做深入、做系统，真正地通过现象挖掘出科学原理，为我国未来产业升级提供知识储备。

另一方面，加快社会科学领域科研诚信体系建设。要落实科研诚信建设的主体责任，完善科研诚信管理制度，将科研诚信建设要求落实到项目指南、立项评审、过程管理、结题验收和监督评估等研究计划管理的全过程。应落实科研活动的主体责任，注重评价学术道德水平。坚决打击各种学术不端行为，对科研不端行为零容忍，杜绝"买版面""找枪手""拉关系"等现象的发生。加强对科研人员的科研诚信教育，引导树立正确的科研价值观，提高科研人员的职业素养和学术道德。

（**调研组**：张公一　郭　鑫　张　畅　刘晚晴　陈禹明）